mein
Landleben

Alte Nutztierrassen

Selten und **schützenswert**

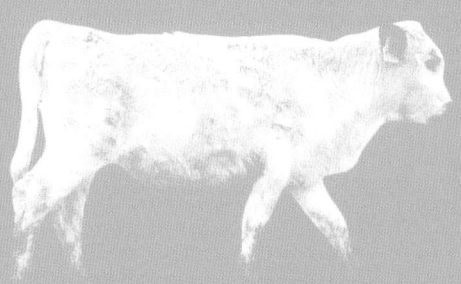

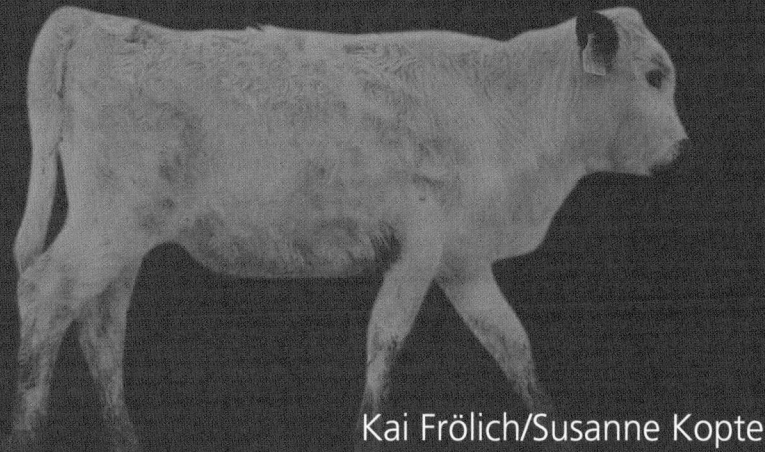

Kai Frölich/Susanne Kopte

Alte Nutztierrassen

Selten und schützenswert

Impressum

Copyright © 2014 by Cadmos Verlag, Schwarzenbek
Gestaltung und Satz: r2 | Ravenstein, Verden
Lektorat: Anneke Fröhlich, Lindau

Titelfoto: Sabine Vielmo/Arche Warder
Fotos im Innenteil: Arche Warder, Carol Frölich, Kai Frölich, Lisa Iwon/
Arche Warder, Christian Mühlhausen/Landpixel.de, Shutterstock.de/Jose
Arcos Aguilar, Shutterstock.de/J. Marijs, Shutterstock.de/travelpeter,
Sabine Vielmo/Arche Warder, Eberhard Weckermann/Greenpeace
Druck: Westermann Druck, Zwickau

Deutsche Nationalbibliothek – CIP-Einheitsaufnahme
Die Deutsche Nationalbibliothek verzeichnet diese Publikation in der
Deutschen Nationalbibliografie; detaillierte bibliografische Daten sind
im Internet über http://dnb.ddb.de abrufbar.

Printed in Germany

ISBN 978-3-8404-3023-7

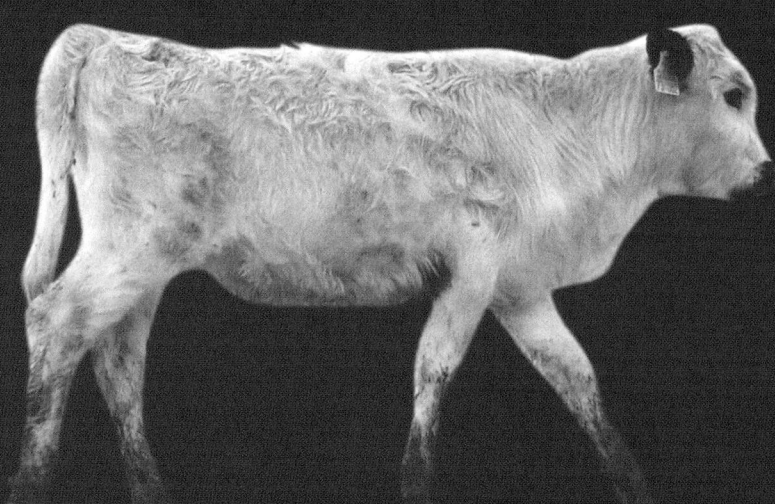

Inhalt

(Foto: Lisa Iwon/Arche Warder)

Einleitung

von Prof. Dr. Dr. Hans Hinrich Sambraus

Unsere Welt wird ärmer. Tierarten sterben aus oder werden aus Gegenden verdrängt, in denen sie seit Jahrtausenden vorkamen. Naturschützer sind hocherfreut darüber, dass zum Beispiel aus Osteuropa wieder Wölfe nach Deutschland eingewandert sind. Es werden große Anstrengungen unternommen, die biologische Vielfalt (Biodiversität) nicht noch weiter einzuschränken und nach Möglichkeit zu vergrößern.

Nicht zu übersehen ist, dass die Bemühungen der letzten Jahre erfolgreich waren. Man sieht wieder mehr Schmetterlinge. Vogelarten, die bis auf Restbestände verschwunden waren, beleben wieder Gärten, Wälder und Gewässer. Unsere Erde ist in der letzten Zeit wieder etwas bunter geworden, die Stimmenvielfalt gestiegen.

Wer den Begriff „biologische Vielfalt" hört, denkt meistens nur an Tiere und Pflanzen in freier Natur. Doch es gibt darüber hinaus auch noch einen weiteren Bereich: Seit ungefähr 10 000 Jahren züchtet der Mensch Nutzpflanzen und domestiziert Tiere. Aus den wenigen, weitgehend einheitlichen Wildtierformen ist im Laufe der Zeit eine große Anzahl von Rassen entstanden. Bei Rind und Schaf sind es weltweit deutlich mehr als 1000 Rassen, beim Pferd ungefähr 700 und bei Ziege und Schwein immerhin noch mehr als 500.

Die Pommersche Gans war bereits um 1300 auf Rügen, in Pommern und in Gebieten um Stralsund bekannt. (Foto: Sabine Vielmo/Arche Warder)

Doch diese Zahlen trügen. Viele Rassen sind im Verlauf des 20. Jahrhunderts ausgestorben, zahlreiche sind in ihrem Bestand bedroht. Je nach Tierart sind es 20 bis 40 Prozent der vorhandenen Rassen. Alle Formen einer Art unterscheiden sich genetisch voneinander. Und wenn Rassen aussterben, mindert auch dies die biologische Vielfalt. Bei Rind, Schwein und Schaf starben im vergangenen Jahrhundert jeweils mehr als 150 Rassen aus. Allein in Europa sind bei Pferd, Rind und Schaf je ungefähr 200 Rassen vom Aussterben bedroht.

Auffallend ist, dass bei jeder unserer Nutztierarten heute einige wenige Rassen dominieren. Sie werden für besser gehalten. Doch im Allgemeinen sind diese Rassen den anderen nur in quantitativen Kriterien überlegen: mehr Milch, höhere täglich Gewichtszunahmen, eine größere Zahl von Eiern und so weiter. Dagegen ist zunächst nichts zu sagen, wenn es dadurch nicht zu Qualzuchten kommt. Bis zu einer gewissen Grenze nötigt die züchterische Leistung, der züchterische Fortschritt Respekt ab. Doch wie steht es um die Qualität?

Alte gefährdete Rassen sind meist robust und anspruchslos. Sie sind langlebig und widerstandsfähig gegen Krankheiten. Ihre Fruchtbarkeit ist sehr gut, und sie sind bestens an örtliche Gegebenheiten angepasst. Häufig wird die besondere Qualität ihrer Produkte gepriesen.

Gelegentlich hört man, Rassen, die gegenwärtig nicht sehr gefragt sind, könne man bedenkenlos aussterben lassen. Sobald man ihre Eigenschaften wieder benötigt, könne man sie ja rückzüchten. Doch das ist ein Trugschluss. Jede Rasse ist einzigartig. Sobald eine ausgestorben ist, ist sie für immer verloren. Alles neu Gezüchtete ist anders als das Vergangene.

Es gibt mehrere Möglichkeiten, das genetische Material gefährdeter Rassen zu erhalten. Man kann lebende Bestände erhalten, es gibt aber auch die Möglichkeit, Sperma oder Embryonen tiefgefroren zu bewahren. Doch diese Kryokonservierung ist problematisch: Technische Pannen können zum Verlust der Proben führen. Vor allem ist aber zu bedenken, dass die Erinnerung an die jeweilige Rasse verloren geht, sobald keine lebenden Individuen mehr vorhanden sind – aus den Augen, aus dem Sinn.

Als flankierende Maßnahme sollte man nicht auf das Tiefgefrieren von Spermaproben und Embryonen verzichten. Die schnellste und beste Methode ist jedoch, lebende Bestände zu erhalten. Dies geschieht in vorbildlicher und für Mitteleuropa einzigartiger Weise in der Arche Warder. Die Gesellschaft zur Erhaltung alter und gefährdeter Haustierrassen e. V. (GEH) wählt seit 1984 jedes Jahr eine besonders schützenswerte gefährdete Rasse zur „Rasse des Jahres". Fast alle diese Rassen werden in der Arche Warder bewahrt. Aber nicht nur diese. Die Arche Warder ist Europas größter Tierpark für seltene und bedrohte Nutztierrassen. Mit mehr als 80 verschiedenen Rassen bekommt der Besucher einen ausgezeichneten Eindruck von der einstigen Rassenvielfalt unseres Landes sowie ganz Europas.

Auf einem großzügig gestalteten Gelände mit einem landschaftlich sehr reizvollen Umfeld werden auf den einzelnen Koppeln meist mehrere Rassen verschiedener Tierarten gehalten. Die gemeinsam gehaltenen Rassen kommen zumeist aus der gleichen

Region. Der Besucher kann sich in die erste Hälfte des vergangenen Jahrhunderts zurückversetzt fühlen, als auf dem Bauernhof neben Rindern und Pferden noch Schweine und Schafe gehalten wurden und wo außerdem noch Geflügel lebte.

Die Gefahr der Inzucht durch zu kleine Gruppen ist dadurch gebannt, dass die Arche Warder mit vielen sogenannten Satellitenstationen zusammenarbeitet, zum Beispiel mit Bauernhöfen oder anderen Freilandeinrichtungen, auf denen gleichfalls gefährdete Rassen gehalten werden. Hierdurch wird auch sichergestellt, dass Zuchttiere ausgetauscht werden können.

Aber nicht nur die Weidehaltung der Tiere ist großzügig und tiergerecht, zum Beispiel durch Schutzhütten. Gerade in den letzten Jahren hat man in vorbildlicher Weise Volieren für das Geflügel geschaffen. Durch eine übersichtlich gestaltete Beschilderung wird jede Rasse in eindeutiger Weise charakterisiert, und es werden Probleme und Bedeutung der Erhaltungszucht erläutert.

Haltung und Erhaltung bedrohter Nutztierrassen werden in der Arche Warder kompetent, systematisch und professionell durchgeführt.

Als wertvolle flankierende Maßnahme hat die Leitung der Arche Warder einen Wissenschaftlichen Beirat geschaffen, dem derzeit zwölf Professoren und andere Fachleute angehören. Durch diesen Beirat können alle Facetten der Erhaltung alter gefährdeter Rassen und deren Nutzung erörtert und umgesetzt werden.

Damit nicht genug: In der Arche Warder wird die Geschichte der Domestikation unserer Haustiere erlebbar gemacht. Es wurden Behausungen geschaffen wie die, in denen unsere Vorfahren und ihre Tiere lebten. So ließ man sowohl die Jungsteinzeit als auch das Mittelalter in einer für den Besucher nachvollziehbaren Weise aufleben. In der Arche Warder wurde zudem ein Konzept entwickelt, in dem es im Wesentlichen um den Kontakt mit dem Tier und die Interaktion von Mensch und Tier geht. Vergessen wir nicht: Haustierrassen wurden vom Menschen geschaffen. Sie sind damit ein wichtiges Kulturgut.

Das Buch von Prof. Dr. Dr. Kai Frölich und Susanne Kopte ist ein wichtiger Beitrag zur Erhaltung des Kulturguts „alte Nutztierrassen". Es öffnet mit Sicherheit die Augen für Besonderheiten, an denen bisher meist achtlos vorübergegangen wurde. Ihm ist breites Interesse zu wünschen.

Prof. Dr. Dr. Hans Hinrich Sambraus
Vorsitzender des Wissenschaftlichen Beirats der Arche Warder

(Foto: Sabine Vielmo/Arche Warder)

Die Arche Warder –
Tierpark, Forschungsfeld und nachhaltiges Projekt

Nirgendwo in Europa gibt es so viele alte Haus- und Nutztierrassen an einem Ort wie im Tierpark Arche Warder in der Nähe von Kiel. Auf 40 Hektar Parkgelände und in diversen Satellitenstationen (siehe Seite 14) leben 1200 Tiere, die 82 verschiedenen Rassen angehören – alle seit langer Zeit mit dem Menschen verbunden und heute vom Aussterben bedroht.

Die Arche Warder hat es sich zur Aufgabe gemacht, solch wunderbare Tiere wie das Englische Parkrind, den französischen Poitou-Esel, das Schleswiger Kaltblut, das Angler Sattelschwein und viele andere, in denen sich die einstige Vielfalt der Nutztierrassen (Agrobiodiversität) widerspiegelt, zu erhalten und weiterzuzüchten.

(Foto: Carol Frölich)

Als lebendiges Museum zeigt die Arche Warder zum Beispiel in ihrer Steinzeitsiedlung anschaulich, wie Mensch und Tier vor vielen Tausend Jahren zusammengelebt haben. (Foto: Carol Frölich)

Sie sind in Tausenden von Jahren von Bäuerinnen und Bauern gezüchtet worden, wobei Rassen und regionale Varianten von Rassen (Schläge) optimal an die Bedingungen ihrer Ursprungsregionen und die Bedürfnisse ihrer Züchter angepasst waren.

Heute ist die Vielfalt der Nutztierrassen in Gefahr. Während man in der Arche Warder zehn Hühnerrassen in artgerechten Freilaufvolieren bewundern kann, werden in der kommerziellen Hühnerhaltung Legehennenhybride eingesetzt, die im Wesentlichen nur noch von zwei Rassen abstammen.

Dank der finanziellen Mithilfe von Greenpeace und vielen anderen Sponsoren konnte das Gelände der Arche Warder mit einem neuen, erweiterten Team in den letzten Jahren so gestaltet werden, dass heute die Tiere optimale und vorbildliche Haltungsbedingungen und die Besucher einen ästhetisch und atmosphärisch anspruchsvollen Park vorfinden.

Die Arche Warder verfolgt bei ihrem Einsatz
zum Erhalt der biologischen Vielfalt (Agrobiodiversität) fünf Ziele:

1. Schutz durch Erhaltungszucht

Auf der Basis einer exakten Zucht- und Managementstrategie gilt es, die Tiere in ihren rassetypischen Eigenheiten zu erhalten. Bei den geringen Bestandszahlen ist die Zusammenarbeit mit anderen Züchtern wichtig, um zum Beispiel Tiere zu tauschen. Prinzipiell kann ein großer Genpool (Agrobiodiversität) auf Veränderungen im Klima oder bei Richtungsänderungen in der Landwirtschaft besser reagieren.

2. Schutz durch Satellitenstationen (Außenflächen)

Viele Tiere aus dem Arche-Bestand sind ausgelagert worden. So leben zum Beispiel Englische Parkrinder auf einem Hof in Hessen und Skudden im Wikingermuseum Haithabu bei Schleswig. Auf diese Weise kann man die Individuenzahl erheblich erhöhen und die genetische Vielfalt erweitern. Außerdem dient die regional getrennte Haltung als Vorsichtsmaßnahme für den Fall eines Seuchenzuges.

3. Schutz durch anspruchsvolle Bildungsangebote

Tierparkpädagogik ist eine wichtige Aufgabe. Der Park ist ein lebendiges Museum, das die Rolle der Nutztiere für die kulturelle Entwicklungsgeschichte des Menschen anschaulich vermittelt. Auch die Leistungen und Besonderheiten alter Rassen für die ökologische Landwirtschaft und den Naturschutz werden spannend erklärt. Veranstaltungen zum Mittelalter oder auf dem Gelände der Steinzeit-Siedlung zeigen, wie das Zusammenleben von Mensch und Tier in jenen Zeiten aussah.

4. Vernetzung mit Institutionen

Um erfolgreich arbeiten zu können, braucht die Arche Warder ein funktionierendes Netzwerk. Mit ihren Forschungsvorhaben zu den physiologischen Besonderheiten alter Rassen und der Schutzproblematik ist sie eng mit mehreren Universitäten verknüpft. Zum Austausch von Informationen und Erfahrungen pflegt die Arche unter anderem Kontakte zu Naturschutzstiftungen, Zoos, Tierparks, zu Herdbuchzüchtern und anderen Archehöfen sowie zur Gesellschaft zur Erhaltung alter Haustierrassen und anderen Verbänden. Ferner steht sie im fachlichen Diskussionsaustausch mit unterschiedlichen politischen Parteien in Schleswig-Holstein und auf Bundesebene.

5. Schutz durch Forschung

In Zusammenarbeit mit Universitäten und verschiedenen Forschungseinrichtungen werden deutschlandweit in einer Reihe von Forschungsprojekten die physiologischen Besonderheiten alter Haustierrassen untersucht.

Steinzeitliche Siedlung im Tierpark Arche Warder: Teil eines anschaulichen Bildungsangebots.

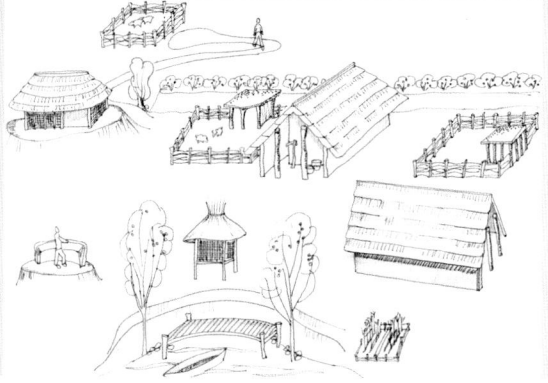

Vom Aussterben bedroht – und doch wichtig

Jedes Jahr besuchen Tausende von Menschen den Tierpark für seltene und vom Aussterben bedrohte Nutztierrassen Arche Warder und erfreuen sich an den friedlich grasenden Rindern auf den Weiden, an der bunten Vielfalt von Schweinen, die sich genüsslich im Schlamm suhlen, sowie an dem schillernden Geflügel, das emsig nach Futter sucht. Alle Gehege sind in das Landschaftsbild eingebettet und entsprechen einer naturnahen Landwirtschaft.

Die Arche Warder zeigt eine Idylle, die sehr selten geworden ist. Schlimmer noch: Viele der Nutztierrassen, die heute in großen Ställen gehalten werden, würden die Haltung im Freien gar nicht überleben. Oder sie dürfen nicht: Kühe aus echten Hochleistungsbetrieben kommen in der Regel gar nicht mehr auf die Weide, weil unkontrolliertes Grasfressen die optimale Milchmenge reduzieren würde.

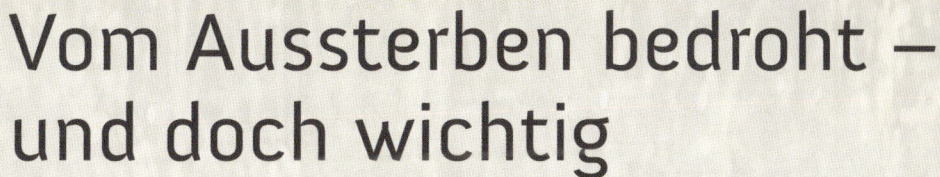

(Foto: Sabine Vielmo/Arche Warder)

Warum braucht die Landwirtschaft Vielfalt?

Ein Großteil der traditionellen Landrassen wurde in der zweiten Hälfte des 20. Jahrhunderts von den aufkommenden Leistungsrassen verdrängt. In der modernen Landwirtschaft dominieren daher heute wenige, einseitig spezialisierte Rassen oder Kreuzungen verschiedener Rassen (Hybride) die tierische Produktion. Früher hingegen gab es zum Beispiel Rinder, die einerseits Milch produzierten, andererseits als Arbeitstiere eingesetzt wurden und darüber hinaus Fleischlieferanten waren (Mehrfachnutzung). Hennen sollten nicht nur Eier legen, sondern auch genügend Fleisch liefern. Das Besondere dabei: Die Tiere waren robust, genügsam und besonders gut an bestimmte Regionen angepasst.

Auch in der naturnahen, nachhaltigen Landwirtschaft werden zurzeit noch überwiegend Hochleistungsrassen gehalten, die aber dafür nicht immer optimal geeignet sind. Dies führt zu Problemen, denn diese Rassen wurden primär für maximale Leistung in intensiver Haltung gezüchtet.

Alte Rassen lassen sich vorzüglich in der extensiven Weidehaltung einsetzen, weil sie unter anderem besonders widerstandsfähig gegenüber Witterungseinflüssen und genügsam in ihren Ansprüchen an die Futterqualität sind. Ferner sind sie robust, anpassungsfähig und benötigen keine hochtechnisierten Ställe.

Daher werden in der naturnahen, nachhaltigen Landwirtschaft mit steigender Tendenz alte Rassen gehalten. Diese geben zwar weniger Fleisch oder Milch und erreichen bei Weitem nicht das Gewicht der

Genügsam auch bei Eis und Schnee – während den Bentheimer Landschafen diese Witterung nichts ausmacht, können viele moderne Rassen unter schwierigen Bedingungen nicht gehalten werden. (Foto: Sabine Vielmo/Arche Warder)

Forschungsarbeiten wie die Untersuchung von Blutproben – hier die Blutabnahme bei einem betäubten Wasserbüffel in der Arche Warder – helfen, gefährdete Tiere zu erhalten. (Foto: Arche Warder)

Hochleistungstiere. Dafür aber sind ihre Produkte von sehr hoher Qualität, weil den Tieren die Zeit gelassen wird, ihre natürlichen Reifeprozesse zu durchleben. Mit dem Verlust dieser Rassen würden wir also Optionen für die naturnahe Beweidung extensiver Flächen verlieren.

In mancherlei Hinsicht sind die alten Rassen ihren hoch gezüchteten Artgenossen schon heute überlegen. So braucht man für die ökologische Landwirtschaft oder für die Landschaftspflege (Ganzjahresbeweidung), wie bereits erwähnt, robuste Tiere, die nicht nur im „Hightech-Stall" mit Spezialfutter gedeihen. Eine Holstein-Friesian-

Kuh (Hochleistungsrasse für maximale Milchleistung) kommt zum Beispiel auf einem Hang in der Rhön nicht zurecht. Das Rote Höhenvieh, eine traditionsreiche, alte Mittelgebirgsrasse, hat hingegen keine Probleme mit harscher Witterung und kargem Futterangebot.

Alte Rassen erweitern also unsere Möglichkeiten, die unterschiedlichen Landschaftsregionen nachhaltig zu bewirtschaften. Ferner ist es ihnen mit ihrer hohen Anpassungs- und Widerstandsfähigkeit gegenüber Witterungseinflüssen möglich, auch den Herausforderungen des Klimawandels erfolgreich zu begegnen.

Pferderassen wie das Exmoor-Pony oder der Konik werden heute gern zur extensiven Pflege von Naturschutzflächen eingesetzt. (Foto: Arche Warder)

Die alten, modernen Landschaftspfleger

Die ursprünglichen Kulturlandschaften Europas sind vielfältig und abwechslungsreich. Dies ist auch das Ergebnis der Einwirkungen von Mensch und Nutztier. Seit circa 10 000 v. Chr. befinden wir uns erdgeschichtlich gesehen in einer Warmzeit (Holozän). Vor der menschlichen Nutzung (siehe unten) der Landschaft war Europa überwiegend von Wäldern mit einzelnen Lichtungen und Mooren gekennzeichnet. Darüber hinaus gab es Areale, die von einer halboffenen Landschaft geprägt waren. Diese Wildnis wurde von den ersten Bauern umgestaltet, zunächst allerdings nur auf wenigen kleinen, inselartig in die Wälder eingestreuten Flächen. Die Zunahme der Beweidung durch Vieh und die fortschreitende Besiedelung durch den Menschen veränderte das Landschaftsbild in der Jungsteinzeit (in Europa 8000 bis 3000 v. Chr.) allerdings dramatisch. Durch Rodungen und Viehtrieb entstanden größere freie Flächen, auf denen sich lichtliebende Pflanzenarten ansiedeln konnten.

Die landwirtschaftliche Nutzung formte im Laufe der Jahrhunderte die offenen und vielfältigen Kulturlandschaften, die wir heute kennen. Die Nutztiere haben also wesentlich zur Vielfalt der regionaltypischen Landschaften Europas beigetragen. Es wurden Rassen gezüchtet, die an bestimmte Regionen und Standorte besonders gut angepasst waren. So entwickelte jeder Landstrich seine eigenen Tierrassen. Rassebezeichnungen wie Heidschnucke, Hinterwälder Rind oder Exmoor-Pony weisen auf die Bedeutung dieser Tiere für die entsprechenden Landschaften hin.

Die Erhaltung dieser typischen Landschaften durch den Menschen ist sehr teuer und aufwändig. Die alten Tierrassen können dort effizient der Landschaftspflege und dem Naturschutz dienen. Sie gehören zum kulturellen Erbe und sind Teil des kulturhistorischen Gedächtnisses einer Region.

Inwieweit die Erhaltung der alten Rassen zum Naturschutz beiträgt, soll anhand einiger Beispiele dargestellt werden:

Die Schafe in der Rhön

Das Rhönschaf war in den 1970er-Jahren fast gänzlich aus der Rhön verschwunden und galt als vom Aussterben bedroht. Seit 1985 wird um die Erhaltung der Rhönschafe gekämpft – und das mit Erfolg. Inzwischen weiden wieder über 3 000 Muttertiere in der Rhön.

Die Tiere tragen in erheblichem Maße zur Erhaltung der Kulturlandschaft Rhön mit all ihren seltenen Tier- und Pflanzenarten bei. Das außerordentlich widerstandsfähige Rhönschaf ist optimal an die klimatischen Bedingungen des Mittelgebirges angepasst. Es findet auf den Bergwiesen und Magerrasen einen idealen Lebensraum, den es durch seine Beweidung nachhaltig sichert.

Hinterwälder halten den Schwarzwald offen

Hinterwälder sind die kleinste Rinderrasse Mitteleuropas (siehe auch Tierporträt auf den Seiten 64 bis 66). Diese Tiere wurden im Schwarzwald gezüchtet und stammen vermutlich direkt vom Keltenrind ab. Sie gehören zu den vom Aussterben bedrohten Haustierrassen, und der Naturraum des Südschwarzwalds mit seiner einzigartigen Artenvielfalt wurde von ihnen entscheidend mitgeprägt. Die Weidbuchen, eine durch Viehverbiss entstehende, besondere Wuchsform der Rotbuche, sind nachweislich durch die Beweidung mit Hinterwäldern entstanden. Große Naturschutz- und FFH-Gebiete (Flora-Fauna-Habitat-Gebiete) im Zuchtgebiet sind das Ergebnis einer naturnahen Bewirtschaftung mit dieser alten Rinderrasse.

Hinterwälder haben harte Klauen und sind sehr trittsicher, sodass sie mit den steilen Hanglagen des Schwarzwaldes gut zurechtkommen. Sie verursachen kaum Erosionsschäden und können als robuste Rasse das ganze Jahr über im Freiland gehalten werden.

Heidschnucken im Naturschutzgebiet Lüneburger Heide

Die Lüneburger Heide als beliebtes Urlaubsgebiet in Niedersachsen ist bekannt für ihre großen Heideflächen. Um diese Flächen zu erhalten, müssen sie ausreichend beweidet werden. Rund 5 200 Hektar Heide und Magerrasen werden im Naturschutzgebiet Lüneburger Heide durch Beweidung mit der Grauen Gehörnten Heidschnucke gepflegt. Aufgrund ihrer Anspruchslosigkeit sind diese Schafe sehr gut für die Landschaftspflege und den speziell hier vorkommenden Futteraufwuchs geeignet. Die Beweidung der Flächen erfolgt in der traditionellen Hütehaltung.

Durch die Pflege der Flächen mit den Heidschnucken werden lichtliebende Pflanzengesellschaften erhalten, die sonst durch aufwachsendes Gehölz verdrängt würden. Zudem wird eine Landschaft geschützt, die zum Beispiel dem selten gewordenen Birkhuhn und vielen weiteren Vogelarten einen Lebensraum bietet.

Bedrohte Rinderrassen als Landschaftspfleger

In der Sudeaue, im Grenzbereich von Mecklenburg-Vorpommern und Niedersachsen, pflegen bedrohte, alte Rinderrassen die Landschaft. Herden vom Deutschen Short-horn (siehe auch Tierporträt auf den Seiten 69 bis 71), dem Schwarzbunten Niederungs-rind (siehe auch Tierporträt auf den Seiten 60 bis 61) und dem sogenannten „Rotbunten in Doppelnutzung" leben ganzjährig in den feuchten Wiesen. Das Futterangebot dieser Feuchtgrünwiesen ist für alle drei Rassen ausreichend, lediglich in den Wintermonaten muss etwas Heu zugefüttert werden. Und sie kommen mit den klimatisch und geografisch schwierigen Verhältnissen zurecht. Durch die extensive Beweidung des Feuchtgrünlands können sich die dort heimischen Pflanzen- und Tierarten optimal entwickeln. Auf den Weiden und an den Randbereichen wurden insgesamt 30 "Rote Liste"-Pflanzenarten gefunden.

In der Lüneburger Heide werden die Heidschnucken noch traditionell das ganze Jahr über gehütet. (Foto: Shutterstock.de/travelpeter)

Koniks sollen in der Emsaue die ausgestorbenen Wildpferde (Tarpane) ersetzen.
(Foto: Shutterstock.de/J. Marijs)

Koniks in der Emsaue

Die Ems in Westfalen ist aufgrund ihres dort recht ursprünglichen Flusslaufs mit dem sandigen Boden einzigartig in Mitteleuropa. Die Spuren der letzten Eiszeit prägen das reliefreiche Bild dieser Auenlandschaft.

Wie vielerorts hat aber auch hier die moderne Landwirtschaft die ursprüngliche Artenvielfalt reduziert. Daher hat man 2004 in drei Auenbereichen bei Münster im Rahmen eines Modellprojekts eine ganzjährige, extensive Beweidung mit Heckrindern und Koniks, einer alten, robusten Hauspferderasse, initiiert. Mithilfe dieses Beweidungsprojekts soll sich die Emsaue mit ihrer beeindruckenden Artenvielfalt wieder auf natürliche Weise entwickeln.

Exmoor-Ponys erhalten die Hutelandschaft

Immer häufiger kommen die anspruchslosen Exmoor-Ponys (siehe auch Tierporträt auf den Seiten 52 bis 53) in Deutschland als „Landschaftspfleger" in extensiven Beweidungs- und Naturschutzprojekten zum Einsatz. Meist gemeinsam mit ursprünglichen Rinderrassen beweiden sie dabei ganzjährig großflächige, naturnahe Biotope, so auch im Solling in Südniedersachsen. Der Solling ist durch zahlreiche Reste ehemaliger Hutewaldwirtschaft geprägt. Hutelandschaften sind selten gewordene Überbleibsel einer über Jahrhunderte hinweg intensiv betriebenen Waldweidewirtschaft durch Schweine, Schafe, Rinder und Pferde, die hier fast ganzjährig Nahrung fanden. Seit dem Sommer

Die extensiv gehaltenen iberischen Schweine in der Extremadura liefern einen der weltweit besten Schinken. (Foto: Shutterstock.de/Jose Arcos Aguilar)

2 000 weiden ganzjährig Exmoor-Ponys und Heckrinder in den lichten Eichenwäldern des Sollings. Mithilfe der Tiere soll eine ökologisch und historisch bedeutende Waldlandschaft erhalten und die Verzahnung von Wald und Offenland gefördert werden.

Die robusten, ganzjährig im Freien lebenden Ponys und Heckrinder fressen neben Gräsern und Kräutern auch Blätter, Knospen, Zweige, Rinde und Früchte von Bäumen und Sträuchern. Wie früher Auerochsen, Wisente und Wildpferde sorgen sie damit auf natürliche Weise für eine Auflockerung des aus Naturschutzsicht bedeutsamen lichten Eichenwaldes. Der massiv aufkommende Buchenjungwuchs, der dem Lebensraum vieler licht- und wärmebedürftiger Tier- und Pflanzenarten auf lange Sicht Licht und Wärme nehmen

würde, soll in erster Line kurz gehalten werden. Dabei leisten vor allem die Exmoor-Ponys eine unschätzbare Hilfe, denn sie sind ideale Landschaftspfleger, die sich auch im Winter von dem ernähren können, was der Wald hergibt (zum Beispiel Eicheln und Unterwuchs).

Das iberische Schwein der Extremadura

Die Dehesa erstreckt sich in der spanischen Extremadura auf über einer Million Hektar und wirkt wie eine unberührte Naturlandschaft, doch sie ist das Werk von Menschen. Vor rund 4000 Jahren wurde begonnen, große Waldflächen zu roden, um Platz für eine extensive Weidewirtschaft zu schaffen. Auf den frei gewordenen Flächen pflanzten die Iberer Eichen, deren Früchte sich bald als optimale Nahrung für Schweine herausstellten. Die Dehesa ist ein auf der Welt einmaliges Ökosystem – nicht nur wegen ihres hohen Alters, sondern aufgrund der Vielzahl der hier lebenden Pflanzen und Tiere. Neben den Eichenarten kommen Pflanzenarten wie Wiesenglockenblumen und Schwertlilien vor. Auch viele Vogelarten wie Blauelstern, Trappen, Steinkäuze und Störche finden hier einen Lebensraum. Die iberischen Schweine der Dehesa, die hier fast ganzjährig in den Stein- und Korkeichenwäldern leben und sich von deren Früchten, Gräsern und Kräutern ernähren, sind nicht nur fester Bestandteil der einzigartigen Landschaft, sondern vor allem eine Delikatesse. Die Schweine liefern einen der weltweit besten Schinken, den Pata Negra.

Steppenrinder und Zackelschafe in der ungarischen Puszta

Die Puszta ist ein Tierparadies aus Menschenhand. Puszta bedeutet Einöde, von Menschen verlassen, und das war sie wirklich über die längste Zeit ihrer Geschichte. Die Flüsse Donau und Theiß prägten einst die Landschaft in der Großen Ungarischen Tiefebene, sie überfluteten die Region Jahr für Jahr aufs Neue, hinterließen waldreiche Auen und endlose Sümpfe.

Teile der feuchten Puszta sind bis heute erhalten und ein intakter Lebensraum für Löffler, Reiher und Störche. Auf nassen Wiesen, die im Laufe des Jahres trockenfallen, brüten Kiebitz, Stelzenläufer und Uferschnepfe. Solche Wiesen waren es, auf denen die Magyaren über Jahrhunderte wirtschafteten. Aus Asien eingeführte Wasserbüffel wurden als Zugtiere genutzt und halfen, das Land zu kultivieren.

Nachdem Donau und Theiß begradigt und eingedeicht worden waren, blieben die Überflutungen der Niederung aus. Es entstanden Steppenlandschaften, unendliche Weiden für das ungarische Steppenrind (siehe auch Tierporträt auf den Seiten 58 bis 59) und das Zackelschaf (siehe auch Tierporträt auf den Seiten 102 bis 103). Sie waren im 18. und 19. Jahrhundert die Exportschlager Ungarns schlechthin. Heute werden kleine Herden gehalten, die als grasfressende Landschaftspfleger Dienst in den Nationalparks der Puszta tun. Sie erhalten diesen für viele Tiere einzigartigen Lebensraum.

„Alte" Rinder im ostfriesischen Vorland

Nordwestlich von Emden liegt der Rysumer Nacken, ein in die Emsmündung hineinreichender Marschenvorsprung, der dem Meer abgerungen und früher landwirtschaftlich genutzt wurde. Im Laufe der Jahrhunderte entwickelte sich der Rysumer Nacken zu einem großen Tier- und Pflanzenparadies, das mit seiner Artenvielfalt auch ein beliebtes Ziel für Ausflügler ist.

Seit 2001 wird der Rysumer Nacken durch alte Rinderrassen beweidet. Von dieser extensiven Beweidung des Gebiets durch Galloways und Heckrinder profitiert besonders die regionaltypische heimische Pflanzen- und Tierwelt.

Poitou-Esel in der Trockenrasenpflege

In direkter Nachbarschaft zum Tierpark Arche Warder liegt ein circa zwölf Hektar großer Trockenrasen, der schon seit mehr als 40 Jahren der natürlichen Sukzession unterliegt. In jüngster Vergangenheit haben unerwünschte Pflanzen einen Großteil der Fläche besiedelt und die Pflanzen, Moose und Flechten der Roten Liste zu einem großen Teil verdrängt. Um diesen Prozess zu stoppen, sind Poitou-Riesenesel auf einer Teilfläche eingesetzt worden. Esel kommen hervorragend mit dem kargen Futteraufwuchs zurecht und müssen nur geringfügig zugefüttert werden. Durch die Beweidung entsteht aufgrund von Trittschäden ein hoher Anteil an Offenboden. Sträucher und hohe Gräser werden stark verbissen, sodass die bedrohten Arten, die Luft und Licht benötigen, wieder gefördert werden.

Aussterben im Monatstakt

Der Einsatz alter Haustierrassen im Naturschutz ist nur möglich, wenn eine ausreichende Individuenzahl bei den seltenen Rassen vorhanden ist. Dies ist nicht immer der Fall – so sind zum Beispiel das Angler Rind, das Turopolje Schwein, das Bentheimer Landschaf oder die Thüringer Waldziege, die vor 50 bis 100 Jahren oder noch länger zurück auf vielen Höfen gehalten wurden, auf bedrohlich niedrige Bestandszahlen geschrumpft, während andere Rassen bereits ausgestorben sind.

Noch vor einigen Jahren gab es beispielsweise in Deutschland in jedem Bundesland 30 bis 120 Schweinezüchter; inzwischen sind es nur noch fünf bis zehn. Und jeder Züchter liefert nur Tiere aus einer oder zwei Abstammungslinien. Dadurch sinkt die genetische Variabilität innerhalb der Rassen – ein Risiko, denn nur die genetische Vielfalt ist eine Versicherung gegen künftige Gefahren wie zum Beispiel plötzlich auftretende Tierseuchen, die besonders kleine Bestände akut gefährden können (unter anderem Vogelgrippe, Blauzungenkrankheit, Maul- und Klauenseuche).

Für immer ausgestorben sind bereits Rassen wie die Rhönziege, das Kehlheimer Rind oder das Wittgensteiner Bleßvieh. Bei den aus Ungarn stammenden Mangalitzas – besser bekannt als Wollschweine – gelten die schwarzfarbigen als ausgestorben. In den Fellfarben blond, rot und schwalbenbäuchig gibt es noch kleine Bestände. 1975 ist in Deutschland das Deutsche Weideschwein ausgestorben. Zum Glück blieb dies dank des Engagements von privaten Tierzüchtern, Wissenschaftlern, Landwirten und einigen Tierparks die hierzulande vorläufig letzte ausgestorbene Nutztierrasse.

Das ausschließliche Tiefgefrieren des Genmaterials (Kryokonservierung) ist wohl nur ein Teil der Lösung und nicht ausreichend für die Erhaltung alter Haustierrassen. Dies hat folgenden Grund: Für die Ausbildung spezieller Merkmale ist die Zucht verantwortlich. Die Erhaltung dieser Merkmale ist aber nur möglich, wenn Tiere weiterhin an ihren ursprünglichen Standorten, im Wechselspiel mit den jeweiligen Umweltfaktoren, gehalten werden. Nur so erhalten wir die Individuen, die am widerstandfähigsten sind und die jeweiligen Merkmale am besten repräsentieren.

Auch die Rückzüchtung ist letztlich nur ein Versuch, aus modernen Züchtungen wieder möglichst nah an das äußere Erscheinungsbild (Phänotyp) ausgestorbener alter Rassen heranzukommen. Voraussetzung dafür ist, dass die gesuchten äußeren Einzeleigenschaften noch bei verschiedenen Rassen oder Einzeltieren vorhanden sind. Tiere mit solchen Eigenschaften werden dann ausgewählt und gezielt gekreuzt. Dabei kann aber nicht die Ursprungsform entstehen, schon gar nicht in ihrer einstigen genetischen Vielfalt.

Schleswiger Kaltblutpferde, Bunte Bentheimer Schweine oder Walachenschafe sind heute genauso vom Aussterben bedroht wie Pandas, Tiger oder Berggorillas, auch wenn die Ursachen andere sind als Klimawandel und Umweltzerstörung. Die Zahlen zeigen es: Die Welternährungsorganisation FAO (Food and Agriculture Organization) hat im Weltzustandsbericht

Das Tiroler Steinschaf, eine der ältesten Schafrassen, ist ein Abkömmling des bereits ausgestorbenen Zaupelschafs und heute selbst in seinem Bestand bedroht. DNA-Analysen zeigten, dass der Umhang des Gletschermanns „Ötzi" (um 3000 v. Chr.) auch aus der Wolle von Steinschafen gefertigt war. (Foto: Arche Warder)

Die Motorisierung führte beinahe zur Ausrottung des Schleswiger Kaltblutpferdes. Heute wird es wieder zur schonenden Forstwirtschaft eingesetzt, da schwere Maschinen oft den wertvollen Waldboden zerstören. (Foto: Eberhard Weckermann/Greenpeace)

über „Tiergenetische Ressourcen für Ernährung und Landwirtschaft" von 2007 (der ersten globalen Bestandsaufnahme der Biodiversität im Nutztiersektor) circa 8300 Rassen erfasst, darunter Rinder, Schweine, Schafe, Ziegen, aber auch Büffel, Yaks und Kamele. Viele dieser Rassen sind bereits als ausgestorben gelistet. Von den noch vorhandenen Rassen sind etliche in die Kategorie „Hohes Verlustrisiko" eingestuft, sie sind also unmittelbar vom Aussterben bedroht. Auch die Prognose ist denkbar schlecht: Für die nächsten 20 Jahre rechnet die FAO mit einem Verlust von 2000 weiteren Haustierrassen.

Das Aussterben alter Haustierrassen findet bisher nur wenig Beachtung in der Öffentlichkeit. Dabei kann es fatale Folgen haben,

warnen Wissenschaftler. Denn mit den alten Rassen verschwinden Eigenschaften, die das Schwein oder das Rind der Zukunft vielleicht dringend brauchen könnten. Möglicherweise erweisen sich zum Beispiel das Schwarzbunte Niederungsrind oder das Bunte Bentheimer Schwein eines Tages als widerstandsfähiger gegen neue Tierseuchen als die heutigen Hochleistungsrassen. Oder sie kommen mit Umweltveränderungen besser zurecht. Genetische Vielfalt ist eine Versicherung gegen künftige Gefahren und unvorhersehbare Veränderungen.

Ohne Richtungsänderung werden wir einen Großteil der Haustierrassen in den nächsten 50 Jahren unwiderruflich verlieren. Die Steigerung der Nutzleistung der verschiedenen Rassen bis an ihre physiologischen Grenzen hat zur rapiden Einengung der Rassenzahl geführt. Teilweise sind unsere wenigen Hochleistungsrassen bereits leistungsüberfordert. Das heißt: Die Industrialisierung der Tierproduktion und Tierzucht ist der wesentliche Faktor, der zum Aussterben der alten Rassen geführt hat. Viele moderne Hochleistungsrassen sind daher außerhalb der vom Menschen geschaffenen Infrastruktur der Intensivhaltung nicht mehr lebensfähig.

Mit jeder aussterbenden Tierrasse verschwinden unwiderruflich wichtige genetische Ressourcen. Deswegen ist die Bewahrung der sogenannten Agrobiodiversität, also die Erhaltung der genetischen Vielfalt in der landwirtschaftlichen Tierzucht, eine Aufgabe von immenser Zukunftsbedeutung.

Wie ein Flaschenhals: Vor mehr als 100 Jahren gab es noch eine große Vielfalt an Nutztierrassen. Gegenwärtig stirbt weltweit jeden Monat eine Nutztierrasse aus. Die Industrialisierung in der Tierproduktion hat unter anderem zu einer Einengung auf nur wenige Hochleistungsrassen geführt. (Grafik: Kai Frölich)

Wenige Rassen dominieren weltweit

Die Hauptursache für das Zurückdrängen alter Nutztierrassen liegt im extremen Strukturwandel der Landwirtschaft seit den 1950er-Jahren. Es kam zu einer starken Konzentration auf nur wenige Hochleistungsrassen, die vorwiegend auf hohe quantitative Leistungen ausgerichtet sind.

Am Beispiel des sogenannten Hybridschweins sollen die Auswirkungen dieser Entwicklung auf die Landwirtschaft skizziert werden: Die industrielle Viehzucht ist ein hartes und aufwändiges Geschäft und läuft meist nach einem fast einheitlichen Muster ab: Die auf schnellen Fleischzuwachs hochgezüchteten, reinrassigen Eltern-Zuchttiere von Schweinen werden in einer sogenannten Basispopulation gehalten und vermehrt. Die daraus stammenden Tiere werden an Vermehrungszuchtbetriebe verkauft, die Jungsauen für die Ferkelerzeuger züchten. Entsprechend dem Zuchtprogramm werden die Zuchtsauen der Mutterlinie mit Tieren anderer Rassen gekreuzt. Die nächste Generation, die Hybridtiere, dienen dann nur der Fleischmast und nicht der Zucht. Folglich sind die Landwirte der Hochleistungsbetriebe nur noch Fleischproduzenten und keine Bauern oder Züchter mehr.

Unsere Zukunft liegt in einer leistungsfähigen, modernen und flexiblen Landwirtschaft. Für diese ist es unabdingbar, genetische Potenziale alter Haustierrassen zu bewahren, um im Bedarfsfall auf Eigenschaften wie zum Beispiel Langlebigkeit, Fruchtbarkeit und Robustheit zurückgreifen zu können. Alte Haustierrassen sind über Jahrhunderte, mitunter Jahrtausende, an sich immerwährend ändernde Umweltbedingungen sowohl über natürliche Selektion als auch durch gezielte Zuchtauswahl angepasst worden und haben dadurch eine bemerkenswerte Stabilität und Langlebigkeit erworben.

Der Sicherung der Biodiversität kommt darüber hinaus eine besondere Bedeutung zu, da nur sie die Chance bietet, die Tierproduktion an die Herausforderungen der Zukunft anzupassen und eine an nachhaltigen Bewirtschaftungsformen orientierte Tierproduktion zu entwickeln. Wenn man sich die Potenziale alter Nutztierrassen vor Augen führt, erkennt man, wie wichtig es ist, dem Verlust der Biodiversität alter Nutz-

tierrassen entgegenzuwirken. Ferner müssen die physiologischen und ethologischen Besonderheiten sowie die besonderen Stärken alter Rassen weiter erforscht und herausgestellt werden, um ihren langfristigen wirtschaftlichen Nutzen für die Gesellschaft zu verdeutlichen.

Kriterien für die Gefährdung einer Rasse

Eine Rasse ist in ihrem Fortbestand bedroht, wenn die Zahl ihrer Individuen unter eine bestimmte Mindestzahl sinkt. Über den Grenzwert gehen die Ansichten auseinan-

In der Arche Warder finden Schweine optimale Haltungsbedingungen vor.
(Foto: Lisa Iwon/Arche Warder)

der. Die Gesellschaft zur Erhaltung alter und gefährdeter Haustierrassen e.V. (GEH) hat je nach Tierart folgende Mindestbestände festgelegt: Für Pferde, Esel, Schweine und Ziegen sind das 5000 Tiere, für Rinder gelten 7500 und für Schafe 1500 Individuen als Richtwert.

Darüber hinaus gibt es unterschiedliche Gefährdungsgrade. Die Food and Agriculture Organization der Vereinten Nationen (FAO) hat folgende Kategorien für Haustiere festgelegt:

Ausgestorben:

Eine Rasse gilt als ausgestorben, wenn sie keine fortpflanzungfähigen Weibchen oder Männchen mehr hat.

Kritisch:

Eine Rasse wird als kritisch eingestuft, sobald sie weniger als 100 Weibchen oder 5 nicht miteinander verwandte Männchen aufweist.

Hat eine Rasse mehr als 100 weibliche und mehr als 5 nicht verwandte, männliche Tiere, aber die Gesamtpopulationsgröße beträgt weniger als 120 Individuen und ist weiter abnehmend, und liegt darüber hinaus der Anteil fruchtbarer Tiere (Weibchen und Männchen) unter 80 Prozent, so ist die Rasse ebenfalls als kritisch anzusehen.

Gefährdet:

Gibt es mehr als 100, aber weniger als 1000 Weibchen einer Rasse, wird sie als gefährdet eingeordnet. Das Gleiche gilt, wenn die Anzahl der nicht verwandten Männchen zwischen 5 und 20 Tieren liegt. Liegt die Gesamtpopulationsgröße allerdings zwischen 80 und 100 Tieren mit wei-terhin ansteigendem Trend und machen die fortpflanzungsfähigen Individuen mehr als 80 Prozent aus, gilt die Rasse ebenfalls als gefährdet. Dies betrifft ebenso Rassen mit einer Gesamtpopulationsgröße zwischen 1000 und 1200 Tieren, wobei der Anteil fruchtbarer Tiere weniger als 80 Prozent ausmacht.

Nicht gefährdet:

Diese Rassen weisen mehr als 1000 fortpflanzungsfähige Weibchen beziehungsweise mehr als 20 nicht miteinander verwandte, zeugungsfähige Männchen auf.

Trifft Ersteres nicht zu, aber die Gesamtpopulationsgröße macht mehr als 1200 Tiere aus, wird die Rasse ebenfalls als nicht gefährdet eingestuft.

Wann gilt eine Nutztierrasse als gefährdet?

Eine Rasse ist in ihrem Fortbestand bedroht, wenn die Zahl ihrer Individuen unter eine bestimmte Mindestzahl sinkt. Im Allgemeinen gilt eine Rinderrasse als gefährdet, wenn nur noch 1000 Kühe oder weniger als 20 nicht miteinander verwandte Stiere leben: Bei Schafen und Ziegen gelten 500 Muttertiere oder 20 Böcke als Grenze und bei Schweinen liegt die Zahl bei weniger als 200 Sauen oder weniger als 20 Ebern.

Zahlreiche Bauern verließen im 17. und 18. Jahrhundert ihre Heimat in Norddeutschland und wanderten in die Neue Welt aus. Mit dabei hatten sie ihr kostbarstes Eigentum: Rinder, die Wiederkäuer aus der norddeutschen Tiefebene. Bislang hatten die Rinder neben Milch und Fleisch auch wertvolle Arbeitskraft geliefert. In den USA hatten allerdings längst Pferde diese Aufgabe übernommen. Überflüssig waren die schwarzbunten Einwanderer-Rinder dennoch nicht. Mit 1700 bis 1900 Litern im Jahr gaben sie mehr Milch als andere Rassen. Die bald Holstein Friesian (kurz HF) genannten Rinder wurden seitdem auf eine immer höhere Milchleistung hin gezüchtet. Der Durchschnitt der Milchleistung bei den HF-Kühen liegt heute zwischen 10 000 bis 14 000 Liter.

Moderne Milchleistungskühe werden entsprechend bedarfsgerecht gefüttert. Grassilage, Maissilage, eiweißreiche Ergänzungsfuttermittel wie Soja sowie Mineral- und Vitaminleckmasse sind entscheidend für eine derartig hohe Milchleistung. HF-Kühe erhalten pro Tag etwa 25 Kilogramm Spezialfutter. Da eine Unter- bzw. Überversorgung mit einzelnen Futterkomponenten für die Tiere schädlich ist, werden die Futterrationen häufig computerberechnet und pelletiertes Kraftfutter über Automaten zugeteilt. Den klassischen Weidegang gibt es häufig nicht mehr. Die Lebenserwartung dieser Tiere beträgt häufig nur noch fünf oder sechs Jahre.

Nur wenige Tiere werden zur Fortpflanzung auserwählt. Ein „Superbulle" mit mehr als 100 000 Töchtern kommt dabei schon mal vor. Mit dieser Praxis wird jedoch ein gefährlicher, genetischer Flaschenhals geschaffen. Wenn ein Bulle zugleich Vater und Großvater ganzer Generationen von Kühen ist und sich auf der anderen Seite Hunderttausende Bullen nicht fortpflanzen können, weil sie als Kalbfleisch auf dem Teller landen, wird der Genpool massiv eingeschränkt. Das Erbgut der Rinder verändert sich.

(Foto: Christian Mühlhausen/Landpixel.de)

Alle Haustiere haben wilde Vorfahren

Circa 10 000 v. Chr. Jahren ereignete sich Entscheidendes: Der Mensch änderte seine Lebensweise immer mehr. Aus dem Jäger und Sammler wurde der Siedler und Ackerbauer. Das hatte Folgen, nicht nur für die Ernährung. Der Wechsel der Lebensweise markiert den Beginn der kulturellen Entwicklungsgeschichte des Homo sapiens. Steigende Produktivität, Bevölkerungswachstum und neue Sozialsysteme waren die Folge, Dörfer, Städte und Staaten entstanden. Die Basis für die arbeitsteilige Gesellschaft lieferten die Nutztiere.

(Foto: Sabine Vielmo/Arche Warder)

Vom Jäger zum Bauern – und was die Tiere damit zu tun haben

Im Jahr 15 000 v. Chr. lebten die Menschen weltweit noch ausschließlich als Jäger und Sammler. Doch schon circa 5000 Jahre später begannen viele von ihnen Haustiere zu züchten und wurden zu Bauern. Das hatte nicht nur für die Ernährung Konsequenzen. Der Wechsel der Lebensweise markiert den Beginn der sogenannten kulturellen Entwicklungsgeschichte des Homo sapiens: Steigende Produktivität, stetiges Bevölkerungswachstum und neue Sozialsysteme waren die Folgen; Dörfer, Städte und Staaten entstanden. Eine wesentliche Basis für diese sich langsam entwickelnde, arbeitsteilige Gesellschaft lieferte somit die Haltung domestizierter Nutztiere.

Warum sich dieser Übergang genau in diesem historischen Zeitraum vollzog, ist bis heute nicht vollständig geklärt. Allerdings gibt es einige plausible Hypothesen: So veränderte sich das Klima in dieser Zeit, es wurde trockener. Daher wurde es für die Menschen erforderlich, sich um permanente Wasserquellen zu versammeln. Diese sesshaften, kleinen Gemeinschaften wuchsen stetig an und die Anzahl der Wildtiere in ihrer Umgebung sank aufgrund intensiver Bejagung vermutlich stark ab.

Die Haltung von Tieren in der Nähe ihrer Siedlungen – hier der Nachbau eines steinzeitlichen Unterstands für Soay-Schafe in der Arche Warder – bildete die Grundlage für die Domestikation. (Foto: Arche Warder)

Alte Nutztierrassen haben eine große Bedeutung für die kulturelle Entwicklung des Menschen. (Foto: Lisa Iwon/Arche Warder)

Daher kamen die Menschen auf die Idee, ortsnah einen Tierbestand als Fleischquelle zu halten. Tiere lebend als Vorrat zu haben, hatte auch einen weiteren wichtigen Vorteil, da Fleisch sehr schnell verdirbt und auch geräuchert oder getrocknet schlecht aufzubewahren ist. Dies ist möglicherweise ein weiterer Grund, warum sich die stetig anwachsende menschliche Population von Jägern zu Bauern entwickelte. Mit anderen Worten: Klimaveränderungen, kombiniert mit dem Rückgang bewohnbaren Landes und geringerer Wildtierdichte, waren mögliche Gründe für den Beginn von Ackerbau und Tierhaltung um etwa 10 000 v. Chr.

Tierische Überreste, die bei Ausgrabungen in Kleinasien gefunden wurden, zeigen, dass sich die Menschen vor diesem Übergang zur Sesshaftigkeit zunächst hauptsächlich von Gazellenfleisch ernährten. Bedenken muss man in diesem Zusammenhang, dass es wesentlich einfacher war und ist, Ziegen, Schafe, Rinder und Schweine in Gefangenschaft zu halten als zum Beispiel Gazellen, Rehe oder Hirsche. Letztere sind nicht leicht zu handhaben, benötigen große Reviere und sind weit weniger flexibel in ihren Fressgewohnheiten. Ein weiterer wesentlicher Faktor: Sie pflanzen sich in Gefangenschaft nicht so leicht fort.

Die Übergangszeit vom Jäger zum Bauern vollzog sich in vorwärts, aber auch wieder rückwärts gerichteten Entwicklungsschritten sowie über einen langen Zeitraum. Jahrtausendelang waren die Jäger der Steinzeit den Herden wilder Paarhufer gefolgt und hatten ihr Verhalten genau beobachtet. Ab einem gewissen Zeitpunkt begann dann die Kontrolle bestimmter Arten, die von ihrem Verhalten her zum Domestizieren „prädestiniert" waren.

Es ist wahrscheinlich, dass die Domestikation der ersten Huftiere (Schafe und Ziegen) auf zweierlei Art vonstatten ging. Zum einen, indem wilde Herden gehütet bzw. geschützt wurden, welche in günstigen Situationen, zum Beispiel nahe an einer Wasserstelle, an einen anwesenden „Hirten" gewöhnt wurden. Die zweite mögliche Methode bestand darin, eingefangene Jungtiere zu zähmen, die auf eine Person als Leittier geprägt waren, und sie dann weiterzuzüchten. Durch Züchtung wurden in der Folge die Individuen, die sich besonders für eine Haltung in menschlicher Obhut eigneten, gezielt vermehrt.

Mondlandung?
Ohne Nutztiere undenkbar!

Die Geschichte der Haustiere zu erzählen bedeutet gleichzeitig die Geschichte des modernen Menschen zu erzählen, wie er sich vom „Jäger und Sammler" zum Baumeister großartiger Städte entwickelte und schließlich zum Mond reiste.

An jedem entscheidenden Wendepunkt in der menschlichen Geschichte waren Haustiere an der Seite des Menschen und beeinflussten fast jeden Aspekt in seiner Kultur. Im Folgenden sollen prägnante historische Zeitabschnitte, die diesen Verlauf widerspiegeln, kurz umrissen werden.

Höhlenmalereien:
Die Welt der Jäger und Sammler

Höhlenmalereien von Altamira (Spanien) aus der archäologischen Kulturstufe „Magdalénien" (15 600–14 000 v. Chr.) lassen darauf schließen, dass der Mensch schon damals fasziniert von Tieren war. Er bedeckte die Höhlenwände seiner Behausung mit ihren Abbildungen. Diese Höhlenmalereien finden sich über einen langen Zeitraum an vielen Stellen der besiedelten Welt.

Vom Jäger zum Hirten:
Die ersten Schäfer

In der Zeit um 10 000 vor Chr. entwickelte sich in den Bergdörfern im Südwesten des Irans etwas sehr Außergewöhnliches und Interessantes: Anstatt Tiere zu jagen, begann die Gemeinschaft, Wildschafe (Mufflons) und Wildziegen (Bezoarziegen) aufzuziehen und sie zu versorgen.

Die ersten Bauern:
Die Anfänge der Domestikation

Catal Huyuk, eine der ersten Städte, die gebaut wurden, liegt im heutigen Anatolien. Hier sorgten die Menschen nicht nur für Herden von Schafen und Ziegen, sondern sie hielten auch Hausrinder und bauten Getreide an.

Die ersten Zivilisationen:
Tiere und Macht

In Sumer, Ägypten, Griechenland und Rom ermöglichte das Hinzukommen des Hauspferdes die Kontrolle ganzer Imperien.

Das Mittelalter:
Robuste Tiere für harte Zeiten

Für die meisten Europäer des Mittelalters waren Haustiere, die harte Winter mit wenig Futter überstehen konnten, ein Überlebensgarant. Schweine gehörten zum Beispiel zu den Tieren, die am meisten geschätzt wurden.

Von der Neuzeit bis in die Gegenwart:
Die Vielfalt der Rassen und ihr Verschwinden

Um 1890, nachdem das Feudalsystem abgeschafft worden war, entstand eine Vielzahl von neuen Rassen mit ganz besonderen Eigenschaften sowie einer spezifischen Nutzung. Die Steigerung der Nutzleistung (zum Beispiel Milchleistung, Fleischleistung) der verschiedenen Rassen bis an ihre physiologischen Grenzen hat zur rapiden Einengung der Rassenzahl geführt; circa 80 Prozent der Rassen wurden weltweit in ihrer Individuenzahl stark dezimiert. Das heißt: Die Industrialisierung von Tierproduktivität und Tierzucht ist der wesentliche Faktor, der zum Aussterben der alten Rassen geführt hat. Seit den 1950er-Jahren sinken deren Bestände kontinuierlich. Heute ist das Fortbestehen jeder dritten Nutztierrasse bedroht. Mit dem Verlust der alten Rassen gehen wichtige tiergenetische Ressourcen verloren.

Wie geschah die Domestikation?

Haustierrassen sind über einen langen Zeitraum entstanden. Etwa 15 000 v. Chr. begann der Mensch, Wildtiere zu domestizieren. Aus ungefähr 20 Wildtierarten (Stammformen) sind über die Jahrtausende rund 7600 Haustierrassen entstanden. Dies ist eine enorme Kulturleistung.

Schweine spielen weltweit eine große Rolle für die Ernährung. In der Freilandhaltung könne sie viele ihrer arteigenen Verhaltensweisen ausleben. (Foto: Lisa Iwon/Arche Warder)

Poitou-Esel wurden vorwiegend für die Zucht von Maultieren gehalten, die unter anderem als Zugtiere für das Militär genutzt wurden.
(Foto: Lisa Iwon/Arche Warder)

Die einzelnen Haustierrassen sind als standortgerechte (autochthone) Arten jeweils optimal an bestimmte Umwelt- und Haltungsbedingungen angepasst und prägen die regionale kulturelle Identität der Menschen. Eine Rasse ist dabei im engeren Sinne eine genetische Ressource, die im Erscheinungsbild und genetisch einheitlich genug ist, um sich von anderen Tieren der gleichen Art zu unterscheiden und die den elterlichen Typus bei einer Paarung widerspiegeln. Etwas weiter geht der Begriff der „funktionellen Rasse", da er auf die Bedeutung des Einflusses der Umwelt hinweist. Eine funktionelle Rasse ist demnach eine Kombination der genetischen Eigenschaften und Parameter wie Lebensraum, Management und Auslese.

Alte Nutztierrassen haben den Menschen über einen langen Zeitraum begleitet und zu seiner enormen Entwicklung wesentlich beigetragen. Erst durch die konstante, gesicherte Versorgung mit tierischem Eiweiß wurde die Basis für eine komplexere, sesshafte und vor allem arbeitsteilige Gesellschaft geschaffen, da die Abhängigkeit von Jagdwild nicht mehr bestand.

Wenn ein Wildtier zum Haustier wird, gehen damit immer wieder bestimmte physiologische und ethologische Veränderungen einher. Das typische Tarnkleid verschwindet und es entsteht eine Reihe von Farbvarianten. Auch die Körpergröße ändert sich und die Zähne verlieren generell an Größe und Anzahl. So waren Hausschweine in der Jungsteinzeit (11 500 bis

2200 v. Chr.) im Typus dem Wildschwein noch sehr ähnlich, aber insgesamt deutlich kleiner. Die Hausschweine der Eisenzeit (1200 bis 450 v. Chr.) und des Mittelalters (6. bis 15. Jahrhundert n. Chr.) waren im Vergleich zum Wildschwein ebenfalls größenreduziert, jedoch noch relativ hochbeinig und schlank. Inzwischen haben sich die derzeitigen Hausschweine in der Form stark verändert. Sie haben unter anderem einen verlängerten Rumpf, verkürzte Gliedmaßen und einen stark eingeknickten Schädel. Dabei ist die Körpergröße dem Wildschwein wieder angenähert. Doch vor allem wird das Gehirnvolumen kleiner.

Ferner zeigen die Haustiere im Gegensatz zu den Wildtieren eine Tendenz zur ganzjährigen Fortpflanzung. Die Saisonalität verschwindet und zudem steigt die Fruchtbarkeit. Auch im Verhalten wird die Domestikation sichtbar: Meist sinkt die Aggressivität erheblich und der Umgang mit den Tieren wird leichter. Beim Nachweis einer frühen Haustierhaltung mit archäologischen Methoden liefern auch das Alter der Tiere sowie das Geschlechterverhältnis wichtige Hinweise. Zur Züchtung braucht man vor allem weibliche Tiere. Dadurch ist eine hohe Anzahl von Kühen, Stuten, Mutterschafen, Sauen und Geißen in archäologischen Fundstätten auch ein Indiz für den Beginn der Domestikation. Bei Wildtieren ist das Geschlechterverhältnis immer eins zu eins.

An Tierknochen aus menschlichen Siedlungen können Archäologen die ersten Umformungen nachweisen. So entdeckte man etwa eine veränderte Behornung bei Ziegen.

Kleine Domestikationsgeschichte einzelner Tierarten

Ziegen

Zusammen mit dem Schaf gehört die Ziege zu den ältesten Nutztieren des Menschen. Der Beginn ihrer Domestikation wurde anhand eindeutiger Größenveränderungen bei Knochenfunden um 10 000 v. Chr. nachgewiesen. Die bislang ältesten Belege für die Domestikation der Ziege stammen aus dem vorderasiatischen Bergland, aus dem Gebiet des sogenannten Fruchtbaren Halbmondes. Dieses Gebiet erstreckt sich über Teile der Türkei, Jordanien, Syrien, Iran und Irak. In diesem Areal befinden sich die Flüsse Tigris, Euphrat und Jordan. Ziegen sollen bereits frühzeitig zur Waldrodung eingesetzt worden sein, um Siedlungs- und Ackerbaugebiete zu erschließen.

Die Hausziegen stammen von Wildziegen der Gattung Capra ab. Vermutlich gehen Ziegen insgesamt auf die beiden Stammformen Bezoarziege (Capra aegagrus aegagrus) und Kaukasischer Steinbock (Capra cylindricornis) zurück. Der Kaukasische Steinbock bewohnt die östlichen Teile des Kaukasus. Er hat etwa die Größe eines Alpensteinbocks. Das Verbreitungsgebiet der Bezoarziege umfasst die Gebirgsregionen Südwestasiens von der Ägäis im Westen bis Pakistan im Osten. Sie ist ein ausgesprochener Bewohner der Felsregion und hauptsächlich in Höhenlagen über 1500 Metern anzutreffen.

Die frühen Hausziegen ähnelten in der äußeren Erscheinung (Phänotyp) noch sehr der Stammform, den Bezoarziegen. Anfangs wurden Hausziegen hauptsächlich zur Fleischerzeugung genutzt. Das belegen Untersuchungen an Ziegenknochen aus frühneolithischen Siedlungen. Auf diesen Fundstellen dominieren unter den Ziegenknochen deutlich die von Jungtieren. Die meisten geschlachteten Tiere waren wohl nicht älter als zwei Jahre. Die Milchnutzung scheint erst in späterer Zeit aufgekommen zu sein.

Ihre weltweite Verbreitung verdanken die Ziegen ihrer großen Anpassungsfähigkeit an unterschiedliche klimatische Bedingungen, ihrer Genügsamkeit und ihrer

Bezoarziegen bilden zusammen mit dem Kaukasischen Steinbock die Stammform der Hausziegen. (Foto: Lisa Iwon/Arche Warder)

guten Futterverwertung. Ziegen gedeihen am besten mit einer Mischnahrung aus Gräsern, Kräutern und gelegentlich Laubblättern.

Schafe

Das Asiatische Mufflon (Ovis orientalis) ist die Stammform aller Hausschafe. Die Domestikation erfolgte im Gebiet des Fruchtbaren Halbmondes. Zusammen mit der etwa gleichzeitig ablaufenden Ziegendomestikation war sie wesentlicher Bestandteil bei der Herausbildung der agrarischen Wirtschaftsweise der Menschen im Altertum. Im Entstehungsgebiet der Schafhaltung wurden Schafe zunächst ausschließlich für die Fleischgewinnung genutzt.

Untersuchungen an Knochenfunden aus mehreren Siedlungen im Westiran weisen auf Veränderungen in der Nutzung der Schafe im Zeitraum 5000 bis 3000 v. Chr. hin. Die Befunde sprechen dafür, dass in dieser Zeit die vorrangige Fleischnutzung von einer Bewirtschaftungsform abgelöst wurde, die den sogenannten „Sekundärprodukten" wie Milch und Wolle einen höheren Stellenwert beimaß. Als älteste Darstellung eines Wollschafes gilt eine Tonstatuette aus dem Iran aus der Zeit um 6000 v. Chr.

Rinder

Als Stammform aller Hausrinder gilt der Ur beziehungsweise Auerochse (Bos primigenius). Das einstige Verbreitungsgebiet dieser beeindruckenden Rinderart umfasste weite Teile Europas, Asiens und Nordafrikas. Man unterscheidet bei den domestizierten Abkömmlingen des Auerochsen zwei Rassengruppen: die europäischen Hausrinder (Bos taurus taurus) mit geradem Rücken sowie die Zebus (Bos taurus indicus) mit einem Buckel.

Die früheste Domestikation der Rinder fand wahrscheinlich vor etwa 8000 Jahren im Gebiet des Fruchtbaren Halbmondes statt; neueste genetische Untersuchungen weisen darauf hin, dass in europäische Hausrinder später nur sehr wenige wilde europäische Auerochsen eingekreuzt wurden.

Der Ur wies, wie alle heute noch lebenden Wildrindarten, einen ausgeprägten Unterschied im Erscheinungsbild der Geschlechter (Geschlechtsdimorphismus) auf. Die Stiere waren deutlich größer und schwerer und besaßen kräftigere Hörner als die Kühe. Mit einer Kopfrumpflänge von über 3 Metern, einer Schulterhöhe von bis zu 190 Zentimetern bei den Bullen (Kühe 150 Zentimetern) und einem Gewicht von bis zu einer Tonne war der Auerochse bis zur letzten Eiszeit eines der mächtigsten Landtiere Europas. Die Hörner wurden bis zu 80 Zentimeter lang und waren in typischer Weise nach vorn geschwungen. Nach der Eiszeit nahm der Ur in seiner Größe deutlich ab. Die Stiere erreichten dann noch eine Widerristhöhe von durchschnittlich 160 Zentimetern und die Kühe von 145 Zentimetern.

In Vorderasien, im Entstehungsgebiet der Rinderhaltung, wurden Rinder zunächst hauptsächlich zur Fleischerzeugung genutzt. Daneben hatte das Rind wohl schon frühzeitig eine bedeutende Rolle im Kult. Das belegen Ausgrabungsfunde aus einer frühsteinzeitlichen Siedlung in der Türkei, wo sich Nachbildungen von Rinderköpfen an den Innenwänden sowie auf Altären einiger Häuser fanden.

Der Yak wurde vermutlich bereits 2000 v. Chr. domestiziert. Er versorgte den Menschen mit Milch, Fleisch und Wolle und diente auch dem Lastentransport. (Foto: Sabine Vielmo/Arche Warder)

In West- und Mitteleuropa verschwand die Wildform des Auerochsen zwischen 1200 und 1400 n. Chr., wobei neben der starken Bejagung und der Lebensraumzerstörung auch die Konkurrenz mit dem Hausrind eine wesentliche Rolle spielte. Am längsten hielten sich die Wildrinder im Gebiet des heutigen Polen. 1627 starb dort die letzte wilde Kuh in Freiheit.

Yaks

Man vermutet, dass das Yak ungefähr 2000 v. Chr. in Tibet domestiziert wurde, da das Wildyak zum Zeitpunkt des Beginns der Domestikation nur noch dort auftrat. Gemäß seiner Nutzung unterscheidet man zwischen Milchtyp, Fleischtyp, Wolltyp und Tragtiertyp.

Die kroatischen Turopolje-Schweine haben Schwimmhäute und tauchen in der Save sogar nach Muscheln. (Foto: Lisa Iwon/Arche Warder)

Wasserbüffel

Alle Europäischen Haus-Wasserbüffel stammen vom Asiatischen Wild-Wasserbüffel (Bubalus arnee) ab, der auch als Arni bezeichnet wird. Der Wild-Wasserbüffel besiedelte in vor- und frühgeschichtlicher Zeit ein riesiges Areal, das sich von Nordafrika im Westen bis zu den Philippinen im Osten sowie von Mittelchina im Norden bis Sri Lanka im Süden erstreckte.

Weitestgehend einig ist man sich, dass der Wasserbüffel um 3000 v. Chr. domestiziert wurde. Aber es ist nicht sicher, wo dies geschah: entweder im Industal (heutiges Pakistan), in Südchina oder im Irak. Die Nutzung als Zugtier beim Reisanbau war offensichtlich eine der wesentlichen Wurzeln für seine Domestikation.

Schweine

Das Schwein ist ein Haustier, das im Wesentlichen zur Fleisch- und Fetterzeugung gehalten wurde. Die Stammform des Hausschweins ist das Wildschwein (Sus scrofa). Seine Domestikation vollzog sich offenbar in mindestens zwei verschiedenen Gebieten Asiens unabhängig voneinander ab dem 8. Jahrtausend v. Chr.

Die ältesten sicheren Hinweise für die Schweinedomestikation stammen aus Anatolien. Eine von Vorderasien unabhängige Schweinedomestikation ist für Ost- und Südostasien zu vermuten. In China stammen die frühesten Knochenfunde vom Hausschwein aus Siedlungen der Cishan-Kultur (6. Jahrtausend v. Chr.). Nach Europa gelangte das Hausschwein zusammen mit Schaf, Ziege und Rind bereits um 7000 v. Chr. Nach historischen Funden sowie bildlichen Darstellungen lassen sich die vor- und frühgeschichtlichen Schweine allgemein als hochbeinige, schlankwüchsige Tiere mit einem geringen Fettansatzvermögen charakterisieren. Sie besaßen einen lang gestreckten, keilförmigen Kopf, der in der Form dem des Wildschweins weitgehend entsprach. Als ursprüngliche Merkmale gelten ebenfalls die dichte Körperbehaarung und die Stehmähne.

Die wesentliche Form der Schweinehaltung in weiten Teilen Europas dürfte zu allen Zeiten die Waldweidehaltung gewesen sein. Besonders im Herbst boten die Mischwälder mit Eicheln und Bucheckern günstige Voraussetzungen zur Schweinemast.

Verheilte Brüche an Schienbeinen von Schweinen aus verschiedenen Siedlungen im Zeitraum vom Neolithikum bis zum Mittelalter lassen vermuten, dass einige Schweine während der Waldweide angebunden waren und sich im Umkreis der Länge des Strickes ihr Futter suchen mussten. Diese Art des Anbindens wird als Tüdern bezeichnet.

Ähnlich wie beim Rind war auch beim Schwein die Domestikation von einer Größenabnahme der Tiere begleitet. Sie führte über verschieden Zwischenstufen zu den kleinwüchsigen Hausschweinen des Mittelalters. Gegen Ende des 18. Jahrhunderts kam es zu einem Wandel bei den europäischen Hausschweinrassen, hervorgerufen durch das Einbringen von kleinen, schnell wachsenden, feingliedrigen Schweinen aus China und Südostasien. Diese wurden mit den hiesigen Rassen gekreuzt und die sich daraus entwickelnde Veredelung des Bestandes war

enorm. Diese Schweinerassen wurden so populär, dass innerhalb von 50 Jahren in Westeuropa nur noch sehr wenige Rassen nicht von den asiatischen Importen abstammten. Daher ist es unwahrscheinlich, dass es noch eine Rasse gibt, die reinrassig von den ursprünglich prähistorisch in Europa domestizierten Schweinen abstammt. Moderne Hausschweinerassen sind in ihrer Körpergröße dem Wildschwein wieder angenähert.

Pferde

Das Pferd wurde erst circa 3000 bis 4000 v. Chr. domestiziert. Das Domestikationszentrum lag in den Steppen nördlich des Schwarzen Meeres. Neueste Befunde deuten darauf hin, dass die Pferdedomestikation in Kasachstan um 3500 v. Chr. begann.

Man nimmt an, dass Koniks phänotypisch den ausgestorbenen Tarpanen sehr ähnlich sind. (Foto: Lisa Iwon/Arche Warder)

Genetische Untersuchungen belegen, dass die Erbanlagen unterschiedlicher Wildpferdpopulationen Europas und Asiens in das Hauspferd einflossen. Die meisten Autoren vermuten, dass das Przewalskipferd in Zentralasien nicht die Stammform unserer Hauspferde gewesen ist. Dieses mongolische Wildpferd ist die einzige Unterart des Wildpferdes, die in ihrer Wildform bis heute überlebt hat. Wildpferde kamen in vielen Gebieten Europas mindestens bis zur Einführung des Hauspferdes vor und hinterließen ihre Gene in einigen lokalen Pferderassen.

Zum Ende der letzten Eiszeit (ca. 10 000 v. Chr.) weideten auf den offenen Grasflächen Europas und Asiens noch Herden von Wildpferden, die von den Menschen bereits intensiv bejagt wurden. Möglicherweise deshalb und aufgrund der sich immer weiter ausbreitenden Waldflächen waren die Herden nicht mehr so groß wie einst. Die kontinuierliche Ausrottung der europäischen Wildpferde setzte offenbar dann im Laufe der Jungsteinzeit (2000 bis 6000 v. Chr.) ein, und zwar schrittweise von Westen nach Osten. Zu Beginn des 18. Jahrhunderts waren Wildpferde lediglich noch in den Steppengebieten der Ukraine verbreitet. Eine unkontrollierte Bejagung führte schließlich auch hier im 19. Jahrhundert zu ihrer völligen Ausrottung. Der letzte wild lebende Tarpan soll im Jahr 1879 getötet worden sein.

In der langen Geschichte der Pferdehaltung stand überwiegend die Nutzung der Muskelkraft des Pferdes im Vordergrund, sei es als Reit-, Trag- oder Zugtier. Bei vielen Völkern in den Steppen Osteuropas und Asiens haben Pferde bis heute auch eine große Bedeutung für die Fleischgewinnung.

Der Einsatz des Pferdes als Reittier und als Zugtier vor dem Wagen hat den Personen- und Warentransport in den altweltlichen Kulturen revolutioniert. In dieser Hinsicht war das Pferd unter den Haustieren von einzigartiger Bedeutung.

Esel

Als Stammform des Hauseseels gilt die einzig heute noch lebende Wildeselart (Equus africanus). Ihm gehören zwei Unterarten an: der Nubische Wildesel und der Somali-Wildesel. Der Wildesel ist ein charakteristischer Bewohner der Wüsten und Halbwüsten. Seine Haustierwerdung vollzog sich spätestens in der ersten Hälfte des 4. Jahrhunderts v. Chr., und zwar im Bereich der Kulturen des Vorderen Orients. Der Esel ist ein Haustier, das für einen ganz speziellen Aufgabenbereich, nämlich als Last-, Zug- oder Reittier, domestiziert worden ist.

Hühner

Hühner stellen das älteste Hausgeflügel dar. Stammform der Haushühner ist das in Südostasien beheimatete Bankivahuhn. Sichere Belege für ihre Domestikation stammen aus dem 3. Jahrtausend v. Chr.

Gänse

Als Stammform aller Gänserassen gilt die Graugans. Eine Ausnahme bildet die Höckergans, die als einzige Gans von der in Ostasien verbreiteten Schwanengans abstammt. Die ältesten Belege für die Domestikation der Gans reichen in die Zeit des alten Ägyptens zurück.

Die Graugans ist die Stammform beinahe aller Gänserassen und wurde bereits im alten Ägypten von Menschen gehalten.
(Foto: Sabine Vielmo/Arche Warder)

Puten

Die Domestikation der Truthühner oder Puten erfolgte in den indianischen Kulturen Mittel- und Nordamerikas. Bald nach der Entdeckung Amerikas durch spanische Seefahrer am Ende des 15. Jahrhunderts gelangten die ersten Tiere nach Europa. Freilebende Truthühner kommen heute noch von Pennsylvania (USA) bis zu den bewaldeten Hochländern Südmexikos vor.

Enten

Die Stockente gilt als Stammform aller noch lebenden Hausentenrassen, mit Aus-

nahme der Warzenente, die von Indianern in Peru aus der Moschusente domestiziert wurde. Über die Anfänge der Entendomestikation ist bislang nur wenig bekannt. Aus dem Alten Ägypten und Mesopotamien gibt es vereinzelte Hinweise für eine Entenhaltung. Tonstatuetten von Enten aus China im 3. Jahrtausend v. Chr. belegen eine lange Geschichte der Entendomestikation. Über die Ursprünge der Warzenente ist sehr wenig bekannt. Die indianischen Kulturen Südamerikas hielten sie bereits vor der Entdeckung durch Christoph Kolumbus (1492).

Perlhühner

Die Heimat des Perlhuhns ist Afrika. Als Stammform gilt das Helmperlhuhn (Numida meleagris). In ganz Afrika dienten Perlhühner seit jeher als Fleischlieferanten und ihre Federn als Schmuck. Perlhühner gehörten zu den ersten Vögeln, die vom Menschen domestiziert wurden. Den Anfang nahm die Domestikation wohl in Ägypten. Im Alten Reich (ca. 2700 v. Chr.) scheint es bereits Hausperlhühner gegeben zu haben. Auch die Phönizier und Griechen hielten Perlhühner, noch bevor das Haushuhn in Europa bekannt wurde. Im Römischen Reich waren Perlhühner eine beliebte Delikatesse. Doch nach dem Ende der Römerzeit verschwanden domestizierte Perlhühner zunächst. Seine Wiederentdeckung verdankt das Perlhuhn portugiesischen Seefahrern, die es Mitte des 16. Jahrhunderts an der Küste Westafrikas entdeckten und für seine Ausbreitung sowie die erneute Domestikation sorgten.

Das Perlhuhn kommt auch als weiße Variante vor.
(Foto: Lisa Iwon/Arche Warder)

Honigbiene

Die Nutzung des Honigs durch den Menschen lässt sich bis in die Steinzeit zurückverfolgen. Die ältesten Belege für das Sammeln von Honig sind steinzeitliche Felszeichnungen aus Ostspanien (Valencia). Diese Felszeichnungen werden um 7000 v. Chr. datiert. Die ältesten sicheren Hinweise zur Domestikation und damit zur Hausbienenzucht stammen aus Ägypten um die Zeit 2400 v. Chr. Die Anfänge liegen vermutlich bereits im 5. bzw. 4. Jahrtausend v. Chr. Im antiken Griechenland hatte die Bienenhaltung bereits eine große wirtschaftliche Bedeutung.

Kaninchen

Die Domestikation des Kaninchens setzte erst im frühen Mittelalter etwa zwischen dem 4. und 8. Jahrhundert ein. Alle derzeitigen Rassen gehen auf das europäische Wildkaninchen (Oryctolagus cuniculus) zurück. Kaninchen gehören zu den züchterisch am stärksten veränderten Haustieren überhaupt. Die Anfänge einer echten Rassenbildung können für das 16. Jahrhundert angenommen werden.

Frettchen

Das Frettchen ist ein Haustier, das für eine ganz spezielle Aufgabe geschaffen wurde, nämlich zur Bekämpfung von Wildkaninchen und Wanderratten. Dazu lässt man abgerichtete Frettchen in die Baue dieser Tiere einschlüpfen und fängt an den Ausgängen die flüchtenden Kaninchen oder Ratten ab. Die Stammform des Frettchens ist der Waldiltis (Mustela putorius). Der erste verlässliche Hinweis auf das Frettchen stammt aus den Jahren 64/63 v. Chr. Es ist allerdings zu vermuten, dass der Beginn der Iltisdomestikation bereits früher einsetzte, nämlich in den letzten Jahrhunderten des ersten Jahrtausends v. Chr.

Seltene Nutztiere im Portrait

Poitou-Esel –
groß, schwer und zottelig

Er ist wirklich ein echter Blickfang, der Poitou-Esel. Kein Wunder, denn er ist zwar nicht der größte, wohl aber der schwerste Esel überhaupt. Bis zu 450 Kilogramm kann ein Poitou-Hengst auf die Waage bringen, und mit einer Widerristhöhe bis zu 150 Zentimetern hat er durchaus Pferdegröße.

Entstanden ist diese Rieseneselrasse im Südwesten Frankreichs in der Region um die Stadt Poitiers, bekannt als Poitou. Erste schriftliche Überlieferungen der beeindruckenden Langohren stammen aus dem 11. Jahrhundert. Die Statur des Poitou-Esels, so wie wir ihn heute kennen, wird zum ersten

(Fotos: Sabine Vielmo/Arche Warder)

Mal sehr detailliert in einer Abhandlung des Französisch-Königlichen Rates aus dem Jahr 1717 beschrieben. Die Zucht von Qualitätseseln war ein einträglicher Beruf, und für besonders große und starke Tiere wurden hohe Preise bezahlt.

Die Poitou-Eselzucht war schließlich so erfolgreich, dass sich Pferdebesitzer in der Region bedroht fühlten und im Jahre 1770 ein Gesetz verlangten, das vorschrieb, alle Poitou-Hengste kastrieren zu lassen. Doch dazu kam es glücklicherweise nicht. Die Regierung erkannte den Wert des Poitou-Esels, und 1884 wurde das erste Stutbuch für den Riesenesel eingerichtet.

Größere Einbrüche im Bestand gab es in der Zeit um die beiden Weltkriege. Sehr viele Poitous wurden damals geschlachtet, um Fleisch für die hungernde Bevölkerung zu haben.

Poitous dienten in erster Linie der Zucht von Maultieren als Lastenträger. Maultiere sind unfruchtbare Nachkommen einer Pferdestute und eines Eselhengstes. Die Poitou-Hengste waren groß genug, dass man sie mit Kaltblutstuten der Rasse Poitevine Mulassière anpaaren konnte. Bis zum Zweiten Weltkrieg galten Poitou-Hengste als die besten Erzeuger von Maultieren, und die „Mules de Poitou" genossen einen internationalen Ruf als die stärksten und robustesten Maultiere. Bis zu 30000 Maultiere im Jahr wurden gezüchtet und innerhalb Frankreichs und Europas verkauft. Überall dort, wo schwere Lasten in unzugänglichen Gebieten befördert werden mussten, waren sie im Einsatz.

Lange Zeit waren sie auch unentbehrliche Helfer der französischen Armee. Und schon vor den Napoleonischen Kriegen zogen die

Der Kopf ist schwer mit langen, sehr senkrecht getragenen Ohren. Das dunkelbraune Fell ist zottelig und oft verfilzt wie eine Rastamähne. Bei vielen Tieren geht die Farbe auch ins Gelbliche.

Wichtige Merkmale für die Reinrassigkeit eines Poitous sind die hellen Abzeichen an Bauch und Schenkelinnenseiten sowie das helle Mehlmaul und die hellen Augenringe. Verglichen mit anderen Eselrassen ist der Poitou merklich ruhiger und sanfter.

Esel sind soziale Tiere und sollten nicht einzeln gehalten werden. Wie alle Esel mögen Poitous keine Nässe. Ein Unterstand - nach einer Seite offen – schützt sie das ganze Jahr vor Regen, Schnee und Hitze.

Generell neigen Poitou-Esel zu Hufproblemen aufgrund eines Inzuchteffektes, sodass gute Pflege und Kontrolle notwendig sind. Auch die Zähne sollten speziell bei älteren Tieren regelmäßig kontrolliert werden.

Bei der Fütterung darf man nicht vergessen, dass Esel ursprünglich aus Steppen- und Wüstengebieten stammen. Gutes Heu und Stroh sind das „tägliche Brot" für Grautiere, auch für die Poitous. Weidegänge auf Flächen mit fettem, eiweißreichem Gras sollten nur zeitlich begrenzt zugelassen werden.

Wichtig bei der Ernährung von Poitous sind ein hoher Rohfaseranteil und strukturreiche Futterbestandteile.

Maultiere die schweren Geschütze der Artillerie. Die Tiere waren so stark, dass sie eine Last bis zur Höhe ihres eigenen Körpergewichts (750 Kilogramm) tragen und bis zu 2,5 Tonnen Gewicht ziehen konnten. Damit leisteten die Maultiere einen wesentlichen Beitrag zur Mobilität der französischen, aber auch anderer Armeen.

Die voranschreitende Industrialisierung verdrängte die imposanten Poitous. Als 1970 nur noch einige wenige Tiere übrig waren, startete die französische Regierung ein Zuchtprogramm, um die Riesenesel vor dem Aussterben zu retten.

Mittlerweile geht es mit dem Bestand der langhaarigen Schwergewichte langsam bergauf. Insgesamt gibt es bis heute wieder 500 reinblütige Poitou-Herdbuchtiere.

(Foto: Kai Frölich)

Posaviner – eine Rarität
unter den Pferderassen Europas

Der Posaviner ist ein Kaltblut, das seit Jahrhunderten von kroatischen Bauern gezüchtet wird. Der Lebensraum dieser äußerst robusten Pferde sind die Ufer der Save in Kroatien, der größten geschlossenen Auenlandschaft Europas.

Wenn sie nicht zur Arbeit benötigt werden, leben Posaviner bis heute halb frei in den Auen, vom Frühling bis in den späten Herbst, bei kargem Futter. Nur bei extremen Überschwemmungen und Schneefall kommen sie in die Ställe.

Die Pferderasse kann prinzipiell ganzjährig draußen gehalten werden und trägt dabei zum Erhalt der einzigartigen Landschaft bei.

Das Ergebnis dieser Hutewirtschaft genannten Beweidungsform, die früher in vielen Regionen Europas durchgeführt wurde, sind offene Wald- und Wiesenlandschaften mit immens großem Artenreichtum. Unterstützt wird der Posaviner dabei zum Beispiel vom Turopolje-Schwein (siehe Seite 80 bis 81). Doch nicht jede Pferde- oder Schweinerasse eignet sich für die Hutewirtschaft. Dies funktioniert nur mit Tieren, die speziell für diese Standorte gezüchtet und damit über einen langen Zeitraum an die spezifischen Bedingungen vor Ort angepasst wurden.

Gegen Ende des 19. Jahrhunderts wurde der Posaviner häufiger als Zugpferd für Straßenbahnen in Wien und Budapest eingesetzt. Zu diesem Zeitpunkt versuchte man auch durch die Einkreuzung von schwereren

Kaltbluthengsten den Posaviner größer und massiger zu züchten. Später, unter kommunistischer Herrschaft, wurden weitere Versuche in diese Richtung unternommen, jedoch ohne den gewünschten Erfolg.

In den Kriegswirren der 1990er-Jahre, als Jugoslawien auseinanderbrach, wurden die Posaviner Herden von Soldaten und der hungernden Bevölkerung drastisch dezimiert. Die Bemühungen, die kleine Population von rund 800 überlebenden Posavinern systematisch zu erhalten und zu erweitern, war so erfolgreich, dass heute wieder rund 6300 Tiere existieren. Einige Züchter haben sich im Züchterverband des Posaviner Pferdes „Hvratski Posavac" zusammengeschlossen.

(Foto: Heidrun Schmitz/Arche Warder)

Steckbrief

Keine andere Pferderasse hat sich so gut an die feuchten Flächen des Save-Ufers angepasst wie dieses kleine Kaltblut. Trotz langen Stehens im feuchten Untergrund neigen die Hufe nicht zur Ausbildung der Huffäulnis. Ferner haben die Hufe besonders breite Trachten, die das Gewicht der schweren Tiere im sumpfigen Gelände besser verteilen.

Die Widerristhöhe beträgt 143 Zentimeter bei den Stuten, 150 Zentimeter bei den Hengsten. Braune, Dunkelbraune, Rappen und Grauschimmel kommen vor, manchmal auch Füchse. Der Kopf ist relativ groß mit einer breiten Stirn und spitzen, kleinen Ohren. Hals, Schulter und Kruppe sind stark bemuskelt. Der Rücken ist breit. Mähnen- und Schweifhaar sind dicht und gelockt.

Ausdauer, Widerstandsfähigkeit gegen Witterung, geringste Ansprüche an die Futterqualität, ausgezeichnetes Sozialverhalten, hohe Fruchtbarkeit und ein ruhiger Charakter sind die herausragenden Eigenschaften dieser Pferde.

Der Posaviner ist universell einsetzbar: im Wald, auf dem Acker, vor der Kutsche, als Reitpferd und in der Landschaftspflege, insbesondere an nassen Standorten.

Alt-Oldenburger –
prachtvolle Kutschpferde

Schon in einer Quelle von 1587 heißt es, dass Oldenburgs fette Ochsen und schöne Pferde weithin bekannt waren. Bereits seit 1580 hatte Graf Johann von Oldenburg orientalische, spanische und neapolitanische Pferde importiert und gab nun die Zuchtleidenschaft auch an seinen Sohn Anton Günther von Oldenburg weiter, der mit einer systematischen Pferdezucht begann.

Die Grundlage dafür bildete damals das friesische Pferd, das ein leichtes Kaltblut gewesen sein soll. Diese Pferde veredelte Graf Anton Günther durch den Ankauf edler Hengste aus England, Spanien, der Türkei und Nordafrika.

Recht schnell wurden die Oldenburger Pferde europaweit bekannt. König Leopold I. ritt an seinem Hochzeitstag im Jahr 1666 auf einem imposanten schwarzen Oldenburger Hengst. Seine Frau fuhr in einer Kutsche, die von acht dunklen Oldenburgern gezogen wurde.

In Oldenburg hat es nie ein Landesgestüt gegeben, die Züchter setzten schon immer auf Privathengsthaltung. 1820 organisierten sich die Züchter in einem Verband. Erste Hengstkörungen fanden statt und das gekrönte „O" wurde als Brandzeichen eingeführt. Ein Stammregister gibt es seit 1861.

Bis ins 20. Jahrhundert hinein wurden die schweren Warmblüter vor allem in der Landwirtschaft auf mittelschweren Böden und im Fuhrgewerbe eingesetzt. Die Armee

(Fotos: Sabine Vielmo/Arche Warder)

nutzte sie als Trosspferde und für die bespannte Artillerie. Ab Mitte des 20. Jahrhunderts ließ aufgrund der rasanten technischen Entwicklung das Interesse an dieser außergewöhnlichen Pferderasse immer mehr nach. Durch massiven Einsatz von Vollblut- und Hannoveraner Hengsten begann ab den 1960er-Jahren die Umzüchtung auf das Reitpferd. Der ursprüngliche Typ des Alt-Oldenburgers wurde mehr und mehr verdrängt.

Von ihrer Faszination haben diese Pferde allerdings nichts verloren. Es grenzt schon beinahe an ein Wunder, dass eine kleine Restpopulation den Niedergang der Rasse überlebte. Anfang der 1980er-Jahre fanden sich einige Züchter zusammen, die sich um den Erhalt der Ostfriesen und Alt-Oldenburger sorgten. Sie gründeten 1986 den Zuchtverband für das Ostfriesische und Alt-Oldenburger Pferd, der 1988 vom Land Niedersachsen als eigenständiger Zuchtverband anerkannt wurde. Heute leben im Oldenburger Raum nur noch wenige Tiere. Etwas weitere Verbreitung gibt es in den traditionellen Nachzuchtgebieten in Polen und Ostdeutschland.

Steckbrief

Die Alt-Oldenburger zeichnen sich durch ein ausgesprochen ruhiges, ausgeglichenes Temperament aus. Energische, effektvolle Trabbewegungen, Ausdauer und ein guter Charakter sind ihre herausragenden Merkmale. Die Farbe ist Braun, Dunkelbraun oder Schwarz mit wenigen Abzeichen.

Das Stockmaß beträgt 157 bis 168 Zentimeter bei einem Gewicht von 550 bis 650 Kilogramm. Aufgrund ihres kräftigen Knochenbaus, der großen und gesunden Hufe sowie der körperlichen Robustheit sind die Alt-Oldenburger als Wagen- und Reitpferde sehr gut geeignet.

Im Turniersport sind die schweren Warmblüter vor allem im Fahren bis Klasse S erfolgreich. Reiter, die viel Wert auf ruhige und umgängliche Pferde legen, sind von dieser Rasse begeistert. Um die Blutlinien nicht zu eng werden zu lassen, ist der Einsatz anderer schwerer Warmblutrassen (zum Beispiel aus Thüringen und Sachsen oder aus Polen) im Zuchtprogramm möglich.

Rund 191 Stuten und 30 Hengste sind im Herdbuch eingetragen (Stand: 2013). Die Arche Warder und andere Zuchtbetriebe kämpfen um den Erhalt dieser edlen Pferde. Denn sie sind nicht nur ein bedeutendes Kulturgut, sondern auch eine wichtige genetische Reserve.

(Foto: Arche Warder)

Exmoor-Pony –
ein Relikt aus der Urzeit

Die letzte Eiszeit, die vor rund 10000 Jahren endete, überlebten verschiedene Wildpferdunterarten. Nach dem gegenwärtigen Wissensstand geht man jedoch davon aus, dass mit Ausnahme des Mongolischen Wildpferdes, besser bekannt als das Przewalski-Pferd, heute alle Wildpferde ausgestorben sind.

Was das Exmoor-Pony betrifft, so gibt es zu seiner Entwicklungsgeschichte zwei Theorien. Fest steht, dass sich diese kleine Ponyrasse aus dem weitläufigen Exmoor, einem abgeschiedenen Hochmoorgebiet im Südwesten Englands, über Jahrhunderte ohne menschliche Eingriffe vermehrte. Genetische Untersuchungen sprechen dafür, dass es sich nicht um direkte Nachkommen eiszeitlicher Wildpferde handelt sondern um verwilderte Hauspferde, wie beispielsweise die Pferde der Camargue oder nordamerikanische Mustangs. Die erste Theorie besagt somit, dass mit dem Exmoor-Pony ein weiteres europäisches Wildpferd überlebt hat.

Im England der letzten Eiszeit konnten sich die wilden Ponys möglicherweise in gletscherfreie Bergregionen wie das Exmoor zurückziehen – ein einzigartiges, uraltes Refugium für wild lebende Pferde. Hier entwickelten sie sich im Laufe der Jahrhunderte zu dem, was sie heute sind: eine äußerst widerstandsfähige und bestens an Nässe und Kälte angepasste Pferderasse. Die zweite Theorie besagt dagegen, dass Exmoor-Ponys eine normale Haustierrasse sind, es sich also um verwilderte Hauspferde handelt.

Die Exmoor-Ponys waren früher eine relativ unbekannte Pferderasse. Sie galten als „ursprünglich" gebliebene Pferde, aber nicht als etwas Besonderes. Der Zweite Weltkrieg hätte für sie zudem beinahe das Aus bedeutet. Nur 50 Tiere, darunter vier Hengste, bildeten nach dem Krieg den Grundstock für einen Neubeginn.

Die bereits 1921 gegründete „Exmoor Pony Society" förderte und steuerte den Neuaufbau der Zucht in Wildgestüten. Heute schätzt man den Gesamtbestand der Exmoor-Ponys in England auf rund 400 Tiere. Davon gibt es 200 registrierte Zuchttiere und circa 200 wildlebende, nichtregistrierte Tiere. Die meisten Herden im Exmoor befinden sich in Privatbesitz. Zugefüttert wird jedoch selbst bei extremer Witterung so gut wie gar nicht. Der einzige Eingriff ist das jährliche Zusammentreiben im Herbst. Dabei werden die Fohlen von den Inspektoren der „Exmoor Pony Society" begutachtet und registriert.

Als ein wichtiger Ableger wurde 1995 die „Deutsche Exmoor-Pony-Gesellschaft" gegründet, um die Erhaltungszucht voranzutreiben. Wie auch in Großbritannien werden in Deutschland Exmoor-Ponys zur Landschaftspflege in Naturschutzgebieten eingesetzt. Die Arche Warder betreibt ein Kooperationsprojekt mit der Stiftung Naturschutz, in dem Exmoor-Ponys zusammen mit Highland-Rindern auf sogenannten Wilden Weiden leben.

(Foto: Sabine Vielmo/Arche Warder)

Steckbrief

Exmoor-Ponys haben braunes bis dunkelbraunes Fell, eine lange Mähne, ein helles Maul (Mehlmaul) und eine helle Umrandung der Augen. Die meisten Ponys zeigen an der Bauchseite ausgeprägte Aufhellungen. Diese Färbung ist für das Leben im Hochmoor eine sehr gute Tarnung. Das Stockmaß der Ponys liegt zwischen 116 und 128 Zentimeter.

Neben Gras und Kräutern als Hauptnahrung ernähren sich Exmoor-Ponys im Winter auch von Zweigen und Gehölztrieben. Die relativ kurzen, starken Beine gewähren Stabilität, Stehvermögen und Trittsicherheit auch in anspruchsvollstem Gelände.

Das Fell, das im Winter aus zwei Schichten besteht, schützt die Ponys optimal vor der rauen Witterung ihrer Heimat. Das kurz und elastisch abstehende Deckhaar leitet den Regen ab und isoliert so gut, dass sogar Schnee auf dem Rücken liegen bleibt, ohne zu schmelzen. Dank dem dichten, fettigen und geradezu wasserdichten Unterhaar dringt keine Nässe nach innen und keine Wärme nach außen. Das starke Unterhautfettgewebe schützt zusätzlich vor Nässe und Kälte. Die Ponys unterkühlen dadurch selbst bei extremer Witterung nicht.

Exmoor-Ponys sind intelligent und kinderlieb. Sie tragen trotz ihres kleinen Körperbaus auch kleine, leichte Erwachsene. Da sie sehr trittsicher sind, werden sie gern beim Trekking eingesetzt. Sie eignen sich auch gut als Wagenpferde.

Schleswiger Kaltblut – die gutmütigen Dicken

Noch vor 60 Jahren fand man Schleswiger Kaltblutpferde auf fast jedem schleswig-holsteinischen Bauernhof. Diese gutmütigen, kräftigen Arbeitspferde zogen den Pflug, brachten die Ernte nach Hause und den Dung aufs Feld. Aber auch in den Städten sah man die Kraftprotze. Von der Jahrhundertwende bis in die 1960er-Jahre zogen sie zum Beispiel Straßenbahnen in Berlin und Brauereiwagen in Hamburg.

Nach Herkunft und Entwicklung geht das Schleswiger Kaltblut auf den dänischen Jütländer zurück, eine sehr alte Kaltblutrasse, die schon im Mittelalter als Streitross beliebt war. Die jütische Kaltblutzucht wiederum war außerordentlich stark geprägt von einem gewaltigen Shire-Horse-Hengst, der um 1860 aus England importiert worden war. Shire Horses sind mit bis zu zwei Meter Schulterhöhe bis heute die größten Pferde der Welt.

Nach dem Ersten Weltkrieg stammten alle Schleswiger Hengste von dem 1893 gebore-

(Foto: Sabine Vielmo/Arche Warder)

nen Hengst „Aldrup Munkedal" ab. Dessen Nachkommen wurden von den Züchtern so geschätzt, dass sich ein Erbmerkmal – die Fuchsfarbe – bis heute durchsetzt.

Schlagartig an Bedeutung verloren die Schleswiger und andere schwere Pferderassen durch den Einsatz der Traktoren in der Landwirtschaft. Innerhalb von 30 Jahren schrumpfte der Bestand von über 25 000 auf nur noch wenige Tiere Mitte der 1970er-Jahre. Die Rasse stand praktisch vor dem Aus. Auf 40 Stuten kam nur noch ein Hengst. Der Züchter Jürgen Isenberg von Gut Kamp in Schleswig-Holstein machte sich daher auf die schwierige Suche nach einem Hengst, der typmäßig in die Zucht passte. Er fand ihn 1977 in Dänemark: Mit dem Jütländer Hengst „Odin" gelang es, den Niedergang einer ganzen Pferderasse abzuwenden.

Nur einer Handvoll Züchtern ist es zu verdanken, dass heute wieder 204 Stuten und 31 Hengste im Zuchtbuch stehen.

(Foto: Lisa Iwon/Arche Warder)

Steckbrief

Das Schleswiger Kaltblut ist ein mittelgroßes Pferd. Es ist massig, aber nicht unproportioniert, mit einem schönen, leicht geramsten Kopf (Nasenrücken nach außen gewölbt), großen Ohren und kräftigen Beinen. Die Rasse ist zugstark und dabei trotzdem wendig. Typisch ist der seidige Behang.

Das Stockmaß liegt zwischen 156 und 162 Zentimetern bei einem Gewicht von rund 800 Kilogramm. Es ist ein ausdauerndes, robustes Arbeitspferd mit elastischer, raumgreifender Aktion in Schritt und Trab.

Schleswiger werden heute als Wagen- und Freizeitreitpferde genutzt, aber auch wieder in der Landwirtschaft. Außerdem werden sie immer mehr als Holzrückepferde in der Forstwirtschaft und in Baumschulen eingesetzt. Für den Einsatz der Pferde als „Waldarbeiter" sprechen vielerlei Gründe. So belasten die Pferdehufe den Waldboden wesentlich geringer als die üblichen schweren Waldmaschinen, und sie tragen keine Schadstoffe wie Öl oder Abgase in das Waldökosystem und in Trinkwasserschutzgebiete ein. Wenn es darum geht, einzelne, geschlagene Bäume herauszuziehen, gewährleisten Pferde einen schonenden Einsatz, während Maschinen zu oft Schäden an gesunden Bäumen verursachen.

(Fotos: Sabine Vielmo/Arche Warder)

Englisches Parkrind –
die altenglische Schönheit

Das Englische Parkrind ist vermutlich die älteste heute noch erhaltene Hausrindrasse. Früheste Nachweise gehen auf das 5. Jahrhundert v. Chr. zurück. Der erste schriftliche Beleg für die Existenz der Parkrinder findet sich in fast 2000 Jahre alten irischen Sagen. Die Beschreibungen dort treffen ziemlich genau auf dieses schöne weiße Rind mit den schwarzen Ohren zu.

Die Herkunft dieser Rinderrasse liegt weitgehend im Dunkeln, zumal ihre Blutgruppe unter den westeuropäischen Rinderrassen als einzigartig gilt. Einige Exper-

ten vermuten, dass die Kelten sie um 650 bis 50 v. Chr. mit nach England brachten. Ihre Priester, die Druiden, hätten die weißen Rinder als Symbol religiöser Reinheit verehrt und sie ihren Göttern geopfert.

Es gibt Anzeichen dafür, dass Parkrinder im Herdenverband durch die Wälder Englands und Schottlands streiften, also in Freiheit lebten, bis sie ab dem 12. Jahrhundert von adeligen Herren in großen eingefriedeten Parks (daher der Name Parkrinder) gehalten wurden. Insbesondere die beachtlichen Hörner der Bullen waren beliebte Jagdobjekte und Statussymbole des Adels. Zur genaueren Unterscheidung wurden die einzelnen Herden nach den Namen der jeweiligen Parks benannt.

Die Dynevor-Herde aus der Zeit vor 1200 dürfte die älteste der so entstandenen Herden sein. Die Entstehung der Chartley- und Chillingham-Herden in England sowie der Cadzow-Herde in Schottland lassen sich bis in die Mitte des 13. Jahrhunderts zurückverfolgen.

Knapp 600 Jahre später interessierte sich auch Charles Darwin für die Chillingham-Herde. Ihn faszinierte vor allem die Abschottung der Herde von Fremdeinflüssen. Im Rahmen seiner Studien zur Entstehung der Arten unterzog er die Jahrhunderte von „Fremdblut" frei gehaltene Herde, die deshalb einem hohen Inzuchtgrad unterlag, von 1862 bis 1899 einer Langzeitstudie.

1919 wurde in England ein Verband zum Schutz der Parkrinder gegründet. Man betrachtete das „White Park Cattle" als schützenswertes britisches Kulturgut und exportierte 1940 sicherheitshalber einen Bullen und fünf Kühe in die USA, um sie vor den Nationalsozialisten zu sichern. Nach dem Zweiten Weltkrieg wäre die Rasse fast ausgestorben.

Auch heute zählen Parkrinder zu den hoch gefährdeten Rinderrassen. Insgesamt gibt es nur noch ungefähr 1000 Tiere, die meisten verteilt auf verschiedene Herden in England, einige in den USA. In Deutschland leben rund 50 Tiere, die meisten stammen aus der Arche Warder. Der Tierpark besitzt mit rund 25 Tieren die einzige größere Zuchtherde. Um Inzucht zu vermeiden, sind von Zeit zu Zeit Importe von neuen Parkrindern aus England nötig. Zuletzt kaufte die Arche Warder 2008 einen Bullen und vier Kühe aus der Ash-Herde in Südengland.

Steckbrief

Das Englische Parkrind ist äußerst robust, sehr genügsam, winterhart und langlebig. Es kann ganzjährig draußen gehalten werden.

Typisch für das Parkrind ist seine weiße Farbe mit einigen schwarzen Flecken in der Kopf- und Halsregion sowie oberhalb der Hufe. Ohren, Maul und Augenlider sowie die Oberseite der Zunge sind schwarz. Parkrinder haben beachtlich große Hörner. Die Rasse ist ruhig, ausgeglichen und verfügt über ein ausgeprägtes Sozialverhalten.

Parkrinder werden vorwiegend zur Fleischerzeugung und zur Landschaftspflege gehalten.

Ungarisches Steppenrind – heute wieder eine Attraktion der Puszta

Die genaue Herkunft des Ungarischen Steppenrindes liegt im Dunkeln. Man nimmt an, dass die Magyaren – ein asiatisches Reitervolk – diese außergewöhnlich ausdauernden und langlebigen Rinder im 9. Jahrhundert n. Chr. bei der Besiedlung der ungarischen Tiefebene aus dem Osten mitbrachten. Eine andere Theorie besagt, dass die Rinder ursprünglich aus Italien oder aber den Balkanstaaten stammen.

Das kräftige Rind gehört zu den Langhornrinderrassen. Es zog zuverlässig den schweren Ochsenkarren, sein Fleisch und seine Milch waren wichtige Nahrungsmittel. Das Fell schützte die Hirten während des gesamten Jahres vor Regen, Sonnenschein und Schnee. Handwerker lebten von der Verarbeitung seiner Produkte. Aus dem Horn zum Beispiel fertigten sie Büchsen für Salz, Paprika oder Salben sowie Blashörner. Die Produkte trugen jahrhundertelang zur materiellen und kulturellen Entwicklung des Landes bei.

Bereits im Mittelalter waren die Ungarischen Steppenrinder auch im Ausland, vor allem in Österreich, Italien und Deutschland, sehr beliebt. Ihr Fleisch war einst ein wichtiges Exportgut und in abenteuerlichen Trecks wurden riesige Herden der

(Foto: Kai Frölich)

halbwilden Tiere bis in die Städte im Westen getrieben.

Allein auf den Viehmärkten in Nürnberg wurden im 17. Jahrhundert alljährlich 70000 Steppenrinder verkauft. Der zentrale Viehmarkt und Schlachthof in Wien war ebenso ein großer Umschlagplatz für die grauen Rinder. Noch heute zeigt eine Skulptur am Haupttor des Schlachthofes St. Marx ein Ungarisches Steppenrind mit einem Hirten.

Um 1895 gab es rund 1,25 Millionen Steppenrinder, die damit rund 95 Prozent des ungarischen Rinderbestandes ausmachten. Neben dem Fleisch wurde die Arbeitskraft des Steppenrindes außerordentlich geschätzt. Bereits im 19. Jahrhundert, während der ersten Intensivierung der Landwirtschaft, hatte sich das Steppenrind zum hervorragenden Arbeitstier entwickelt.

Gegen Ende des 19. Jahrhunderts begann dann der Niedergang dieser Rinderrasse. Da Ungarn keine eigene Milchrasse besaß, versuchte man die Steppenrinder durch Einkreuzung zu veredeln. Durch fortgesetzte Anpaarung mit Simmentaler Rindern entstand als neue Rasse das Ungarische Fleckvieh.

Die Population der Steppenrinder wurde immer mehr an den Rand gedrängt. Zu Beginn der 1950er-Jahre wurden 450 Rinder im Nationalpark Hortobagy unter Schutz gestellt. Nur noch knapp 200 Tiere gab es Mitte der 1960er-Jahre. Dass die aussterbende Rasse überlebt hat, ist dem wachsenden Tourismus in der Puszta zu verdanken. Die Touristen schätzen die grauen Steppenbewohner. An die 2000 Tiere grasen heute wieder in Ungarn.

Steckbrief

Ungarische Steppenrinder sind groß und hochbeinig. Sie haben insgesamt eine schlanke Erscheinung. Man sieht ihnen an, dass sie ausdauernd marschieren können.

Die Schulterhöhe beim Stier ist 155 Zentimeter, bei der Kuh 145 Zentimeter. Die Stiere erreichen ein Gewicht von 950 Kilogramm, die Kühe rund 300 Kilogramm weniger.

Das Fell ist durchweg hellgrau gefärbt, bei Bullen treten manchmal dunklere Partien an Kopf, Hals und Hinterhand auf. Die Kälber sind nach der Geburt zunächst rötlich-braun. Im Alter von zwei bis drei Monaten hellt sich das Fell auf und beginnt grau zu werden. Die Tiere haben ein dunkles Flotzmaul (der Bereich von Naseneingang und Oberlippe), außerdem helle, bis zu ein Meter lange Hörner. Die Färbung der Hörner ist meist cremefarben, die Spitzen weisen eine dunkle, fast schwarze Pigmentierung auf. Der Kopf ist schmal und geht in einen langen und flachen Hals über. Die langen dunklen Wimpern dienen als Sonnenschutz.

Steppenrinder sind zähe Tiere mit sehr harten Klauen. Mit den kargen Gräsern der Puszta-Weiden kommen sie sehr gut zurecht.

(Fotos: Kai Frölich)

Deutsches Schwarzbuntes Niederungsrind –
das Original

Generell sieht man Schwarzbunte Rinder heute fast überall auf der Welt. Gezüchtet auf Milchleistung macht diese Rasse, die im Fachjargon Holstein Friesian (HF) heißt, mehr als 80 Prozent des weltweiten Rinderbestands aus.

In der Arche Warder grasen jedoch echte Raritäten dieser Schwarzbunten Kühe: sogenannte „Deutsche Schwarzbunte Niederungsrinder". Sie sind der Ursprung der HF-Tiere. Verglichen mit den HF-Rindern sind sie nicht ganz so großwüchsig und geben weniger Milch. Dafür hat ihre Milch aber einen höheren Fett- und Eiweißgehalt.

Im 18. Jahrhundert wurde das Schwarzbunte Rind ursprünglich in den Nordseemarschen von Friesland gezüchtet; daher der Name Niederungsrind. Schnell wurden die Tiere wegen ihrer damals bereits hohen Milchleistung auch in anderen Landesteilen sehr beliebt, und so erstreckte sich das Ver-

Steckbrief

Schwarzbunte Niederungsrinder sind langlebig, haben eine hohe Grundfutterverwertung und sind bestens an ein feuchtes Klima und marschiges Weideland angepasst. Sie haben einen überwiegend schwarzen Kopf mit kleinen gebogenen Hörnern. Der Körper ist in großen Platten schwarz-weiß gescheckt. Die Tiere haben meist einen langen Rumpf und sind muskulös.

Bullen wiegen bei einer Widerristhöhe von 150 bis 162 Zentimetern etwa 1000 Kilogramm. Kühe sind mit 130 bis 140 Zentimetern etwas kleiner und wiegen mit durchschnittlich 600 Kilogramm nur gut die Hälfte.

breitungsgebiet im Laufe des 19. Jahrhunderts bis in die Mittelgebirge von Hessen und Rheinland-Pfalz sowie vom Niederrhein bis nach Ostpreußen. 1876 wurde das erste Herdbuch angelegt. Etwa zu dieser Zeit entwickelte sich auch eine intensive Schwarzbunt-Zucht (HF-Tiere) in den USA. Ab 1964 kamen die HF-Rinder aus den USA nach Westdeutschland. Wie eine große Welle verdrängten diese neuen Rinder die alte, ursprüngliche Rasse der deutschen Schwarzbunten. Bald waren kaum noch Tiere der reinrassigen Schwarzbunten Niederungsrinder ohne Anteile von HF-Blut übrig geblieben.

Es gab allerdings einige Züchter, die an der alten Landrasse der Schwarzbunten Nie-derungsrinder festhielten. Auf einem dieser Betriebe, bei Landwirt Kramer aus Niedersachsen, stand die berühmte Schwarzbunte Edelkuh „Athene", die 19 Kälber geboren hat. 1994 starb sie im hohen Alter von 25 Jahren. In den letzten beiden Jahren ihres Lebens hatte sie jeweils 12000 Kilogramm Milch gegeben – eine einmalige Leistung. Unter anderem wird mit Abkömmlingen der „Athene" die Zucht der Deutschen Schwarzbunten Niederungsrinder in der Arche Warder fortgesetzt.

Deutsche Schwarzbunte Niederungsrinder sind als gefährdet eingestuft, die letzte Bestandszählung im Jahr 2012 ergab fast 2700 weibliche und 22 männliche Tiere in Deutschland.

Angler Rind alter Zuchtrichtung –
klimafest und gut zu Fuß

Eine wunderschöne alte Rinderrasse Schleswig-Holsteins ist heute leider zur Seltenheit geworden: das Angler Rind. Einst Vorzeigekuh auch weit über das nördlichste Bundesland hinaus, summiert sich der Restbestand der Angler alten Typs heute nur noch auf rund 400 Tiere.

Seinen Ursprung hat das Angler Rind in der Landschaft Angeln, der Region zwischen Schlei und Flensburger Förde. Der erste schriftliche Hinweis stammt aus dem 16. Jahrhundert. Bereits im 19. Jahrhundert wurde mit der planmäßigen Zucht begonnen. Nachdem 1856 auf einer Ausstellung in Paris Angler Rinder mehrfach ausgezeichnet worden waren, interessierten sich auch Abnehmer aus anderen Ländern für diese Rasse. Zum Teil zu ungewöhnlich hohen Preisen gingen Angler zunächst nach Dänemark und Schweden, später auch nach Polen, Russland und Böhmen, ja selbst nach Italien und Argentinien.

Durch gezielte Einkreuzungen mit Rotvieh aus Dänemark und Schweden wurde in den letzten Jahrzehnten die ohnehin schon gute Milch- und Fleischleistung der Angler Rinder noch gesteigert. Dadurch wandelte sich die Rasse jedoch erheblich. Die alte Zuchtrichtung wurde fast völlig verdrängt.

(Fotos: Sabine Vielmo/Arche Warder)

Geschätzt wurde das Angler Rind wegen seiner hohen Milchleistung und den wertvollen Inhaltsstoffen der Milch. „Schönmädchen" hieß die Angler Kuh, die bereits 1928 die 10 000-Liter-Milchmarke Jahresleistung erreichte. Aber nicht nur auf die Menge, sondern auch auf die Inhaltsstoffe kommt es an. Mit einem Fettgehalt von 5,4 Prozent in der Milch – üblich sind 4,1 Prozent – wurde das Angler Rind schon früh als „deutsche Butterkuh" bezeichnet. Diese positive Eigenschaft beschleunigte einige Jahre später dann den Niedergang, als beim Milchpreis die Milchmenge höher bewertet wurde als die Milchinhaltsstoffe.

Bis heute gilt, dass die Milch der Angler Rinder besonders viel Kappa-Kasein-B enthält und gut zur Herstellung von Käse geeignet ist. Kasein ist der Eiweißanteil der Milch, der zu Käse weiterverarbeitet werden kann. In Italien wurde aus diesem Grund eine Herde des Angler Rindes aufgebaut. Die Milch wird getrennt von der Milch anderer Rinderrassen zu Parmesan verarbeitet, damit das Ergebnis verglichen werden kann. Im Jahr 2006 war Italien der größte Importeur von Färsen des Angler Rindes.

Steckbrief

Das Angler Rind alter Zuchtrichtung besitzt noch die ursprünglichen Eigenschaften, die bei klassischen Hochleistungsrassen nicht mehr so ausgeprägt vorhanden sind: ein ökonomisches Verhältnis von Gesamtfutteraufwand zur Milchleistung, ausgewogene Milchinhaltsstoffe, Langlebigkeit, leichte Kalbungen und geringe Kälberverluste sowie eine hervorragende Marschfähigkeit. Die Tiere sind mittelgroß, lang und schmal.

Die Fellfarbe ist Dunkelrot bis Sattbraun. Das Angler Rind hat sehr gute Hufe und ist bekannt dafür, dass es sehr lange Strecken laufen kann.

Das Fleisch der Angler ist sehr zart. Es hat einen geringen Bindegewebsanteil und ein gutes Safthaltevermögen. Außerdem lagert das Angler Rind im Verhältnis mehr Fett in den Muskeln ab, was das Fleisch sehr wohlschmeckend macht.

Während die „Hochleistungsrassen" heute drei bis vier Kalbungen erleben, sind beim Angler Rind sieben Kalbungen möglich, die fast immer problemlos verlaufen. Der Anteil der Grundfutterversorgung mit Gras, Klee und Grassilage zur Erbringung der Milchleistung beträgt bereits 50 Prozent, sodass nicht zu viel Kraftfutter zugekauft werden muss. Dessen Preis auf dem Weltmarkt steigt kontinuierlich wegen der Nachfrage nach Milchprodukten in Asien.

(Fotos: Kai Frölich)

Hinterwälder Rind –
trittfest und umgänglich

Das temperamentvolle, zierliche Hinterwälder Rind ist die kleinste Rinderrasse in Mitteleuropa. Die Herkunft wird auf die Kreuzung eines Keltenrinds mit einer Rinderart, die die Alemannen bei der Völkerwanderung mitbrachten, zurückgeführt. Erstmalig erwähnt wurden die Hinterwälder in einem Dokument von 1829 und dort als „gute Milcher, tüchtige Arbeiter und gute Mäster" beschrieben. Die offizielle Züchtergenossenschaft wurde 1889 eingetragen.

Ursprünglich war das Hinterwälder Rind in der Oberrheinebene beheimatet; das heutige Verbreitungsgebiet ist vorwiegend auf den Schwarzwald begrenzt. Angepasst an das extreme Klima des Hochschwarzwaldes sind die Rinder sehr widerstandsfähig und besonders langlebig.

Während die Population zu Beginn des 20. Jahrhunderts noch über 30 000 Tiere umfasste, liegt der Gesamtbestand bei den Hinterwäldern heute nur bei rund 4000 Rindern, die in Deutschland und der Schweiz gehalten werden. Etwas mehr als die Hälfte davon sind Herdbuchtiere. Damit ist das Hinterwälder Rind gefährdet.

Bis heute werden Hinterwälder überwiegend in kleinbäuerlichen Betrieben gehalten. Der dortige enge Kontakt zum Menschen bewirkt, dass die Tiere sehr verträglich und umgänglich sind. Sie gelten als langlebige Rinder. So sind 15- bis 18-jährige Tiere bei artgerechter Haltung keine Seltenheit.

Früher wurden die Hinterwälder im Gespann und vor dem Pflug als Arbeitstiere eingesetzt. Heutzutage werden sie aufgrund ihrer regionalen Anpassung auch im Naturschutz verwendet. Die schwer zu bewirtschaftenden Hanglagen des Südschwarzwalds bieten hierbei ein exzellentes Einsatzgebiet der leichten und dadurch kaum Trittschäden verursachenden Rinder. Da sie auch Sträucher und holzige Pflanzenteile fressen, sind sie besonders wichtig zur Offenhaltung von unterschiedlichen Flächen wie beispielsweise den Schwarzwald-Landschaften. Der Verbiss an den Rotbuchen ergab die einzigartigen sogenannten „Weidbuchen", die nur im Hinterwäldergebiet vorkommen: Die „Buchenbüsche" trieben trotz dieser Beweidung jedes Jahr neu aus, bis die Rinder nicht mehr in die Mitte dieses „Kuhbusches" kamen. Die mittleren Triebe, die eng aneinander wuchsen, schossen dann schnell in die Höhe und ergaben über die Jahre die skurril anmutenden Weidbuchen mit bis zu sieben Metern Umfang.

Hinterwälder haben einen ausgewogenen Körperbau bei einem durchschnittlichen Gewicht von 450 Kilogramm bei den Kühen und 750 Kilogramm bei den Bullen. Ihr relativ geringes Gewicht, ihre Beweglichkeit und ihre sehr harten Klauen ermöglichen das Weiden auf steilsten Hanglagen, ohne Schäden am Boden anzurichten.

Während früher fast 90 Prozent aller Hinterwälder Gelb-Schecken waren, sind die „hellen" Tiere heute nur noch sehr selten. Derzeit dominieren zwei Farblinien: Rot-Schecken und rote Tiere. Eines haben aber alle gemeinsam: Kopf und Beine sind stets weiß.

Hinterwälder sind klassische Zweinutzungsrinder: Die Milchleistung liegt bei einer Jahresleistung von rund 3300 Kilogramm mit 4,0 Prozent Fett und 3,4 Prozent Eiweiß. Zudem sind sie wegen ihrer sehr guten Muttereigenschaften bestens zur Mutter- und Ammenkuhhaltung geeignet.

Telemarkrind – einst ein Nationalsymbol Norwegens

Das Telemarkrind ist die älteste norwegische Rinderrasse. Es stammt aus der oberen Telemark, einer Gegend im südlichen Norwegen. Als eigenständige Rasse wurde es 1856 auf der Schauvorführung in Kviteseid (190 Kilometer südwestlich von Oslo) anerkannt. Seit 1866 wird diese jährliche Tierschau nun im benachbarten Seljord veranstaltet. Sie ist die wichtigste Zusammenkunft für Telemark-Züchter. Anfänglich waren Telemarkrinder noch vorwiegend weiß. Erst durch Einkreuzung schottischer Ayrshire-Rinder im 19. Jahrhundert kam es zur Manifestierung der heute typischen Pigmentierung. 1895 wurde erstmals ein Herdbuch dieser Rasse erstellt.

Die Tiere waren in ihrer Heimat so beliebt, dass sie früher sogar als Nationalsymbol angesehen wurden. So hielt zu jener Zeit fast jeder Bauer noch mindestens eine Kuh der Telemark-Rasse, auch wenn er sich auf eine ertragreichere Rasse spezialisiert hatte.

Anfang der 1960er-Jahre gewann allerdings das norwegische Rotvieh immer mehr an Bedeutung und verdrängte das Telemarkrind, sodass bereits zehn Jahre später diese alte Rasse nahezu ausgestorben war. Nur wenige Bauern hielten an

(Fotos: Kai Frölich)

ihrem Bestand von Telemarkrindern fest. Von Vorteil war auch, dass es weiterhin vereinzelt Zugang zu Zuchtsperma gab. Auf diese Tiere wurde Mitte der 1980er-Jahre zurückgegriffen, als eine Rückbesinnung auf traditionsreiche Rassen stattfand. Die Gründung des norwegischen „Genetic Ressources Center" unterstützte die Bemühungen, das Genmaterial der Telemark-Rasse zu erhalten. Heute wird die Züchtung seitens der Regierung mit hohen Subventionen unterstützt.

Das Telemarkrind weist mit durchschnittlich 4100 Kilogramm Milch pro Jahr eine vergleichsweise gute Milchleistung auf; die Milch enthält rund 4,1 Prozent Fett und 3,3 Prozent Eiweiß. Dank der guten Anpassungsfähigkeit dieser Rinder an die Fjord-, Wald- und Gebirgslandschaften werden sie auch im Naturschutz eingesetzt.

Der Weltbestand der Telemarkrinder liegt derzeit bei nur noch circa 600 Individuen. Damit gilt das Telemarkrind als gefährdet.

Steckbrief

Das Telemarkrind ist ein robustes, langlebiges, genügsames und fruchtbares Rind mit einer hohen Milchleistung. Damit repräsentiert es in klassischer Weise eine ursprüngliche Haustierrasse und wurde generell als milchbetontes Zweinutzungsrind (Milch und Fleisch) gehalten.

An den Seiten ist das Telemarkrind rot oder brandfarben. Der Rücken und der Hals sind durchgehend weiß gefärbt. Der Bauch, die Hinterbeine, die Brust und der Schwanz sind ebenfalls weiß. Die Trennung zwischen rot und weiß ist meist gesprenkelt. Der Kopf ist ebenfalls gesprenkelt und über den Augen ist ein dunkler Fleck sichtbar. Das Fell ist kurz und glatt.

Die Tiere sind behornt, wobei die Hornform individuell stark variiert. Der Körper ist schmal und langgestreckt mit einem langen, schlanken Hals. Die weiblichen Tiere erreichen ein Gewicht von circa 400 Kilogramm, die männlichen Tiere durchschnittlich 500 Kilogramm. Die Widerristhöhe liegt bei den Kühen bei etwa 120 Zentimetern, die Bullen können circa 140 Zentimeter erreichen.

(Fotos: Kai Frölich)

Deutsches Shorthorn –
verdrängt von den Hochleistungsrassen

Ursprünglich stammt das Shorthorn aus dem Norden Englands. Bereits im 18. Jahrhundert begann die Herdbuchführung dieser Rasse, die damit die erste systematische Rasseaufzeichnung überhaupt war. Das Shorthorn ist eine der ältesten Nutztierrassen der Welt. Von einer Lokalrasse erreichte das Shorthorn schnell weltweite Bedeutung. Seit 1840 ist diese Rinderrasse auch in Deutschland, vor allem auf der Halbinsel Eiderstedt in Schleswig-Holstein, beheimatet.

Das Shorthornrind prägte die Entwicklung der einheimischen Rinderrassen entscheidend. Es ist die älteste deutsche Fleischrindrasse. Aufgrund geringer Geburtsgewichte bei den Kälbern gilt sie als leichtkalbig. Aus diesem Grund werden Shorthorn-Bullen auch vermehrt für die Belegung von Färsen anderer Rassen eingesetzt; man spricht dann von sogenannten „Gebrauchskreuzungen".

Im Jahr 1915 gab es noch 12 000 eingetragene Tiere. In den letzten 50 Jahren verringerte sich jedoch der Bestand des Shorthorns aufgrund des Strukturwandels in der Viehwirtschaft und der veränderten

Anforderungen des Marktes. Das Shorthorn wurde allmählich von den Hochleistungsrassen verdrängt. Derzeit wird es als gefährdet eingestuft. Die letzte Zählung im Jahr 2012 ergab 190 im Herdbuch eingetragene weibliche Tiere und 16 Zuchtbullen.

Inzwischen wurde das Zuchtziel des Shorthorns an die derzeitigen Bedürfnisse angepasst, das heißt es wird auf genetisch hornlos und mit einem geringeren Fettanteil im Fleisch gezüchtet. Des weteren wurden die Geburts- und Endgewichte angehoben und fleckige Tiere zugelassen.

Auch diese Rasse wird mittlerweile erfolgreich im Naturschutz eingesetzt, zum Beispiel auf den Polderflächen im Biosphärenreservat Flusslandschaft Elbe in Mecklenburg-Vorpommern.

(Fotos: Kai Frölich)

Steckbrief

Das Shorthorn ist nach seinen kurzen, leicht nach vorn gebogenen, stumpf endenden Hörnern benannt. Die Farbe der Hörner ist wachsfarben. Diese Rinderrasse gibt es in drei Farbschlägen: rot, weiß und rotschimmelfarben, wobei Flotzmaul, Haut und Schleimhäute unpigmentiert sind.

Das Shorthorn ist ein mittelrahmiges, robustes, sich dem jeweiligen Klima anpassendes, frühreifes Fleischrind. Das Temperament ist ruhig.

Der Körperbau ähnelt einer Kastenform und ist breit und tiefgestellt. Die Tiere können eine Widerristhöhe von 138 Zentimeter (Kühe) beziehungsweise 150 Zentimeter (Bullen) erreichen sowie ein Gewicht von bis zu 700 Kilogramm (Kühe) und 1200 Kilogramm (Bullen). Das Erstkalbealter liegt bei 27 Monaten.

Das Fleisch ist gut marmoriert und von feinfaseriger und saftiger Qualität. Eine große Muskelfülle und relativ feine und korrekte Gliedmaßen sind ebenfalls charakteristisch.

Europäischer Wasserbüffel –
die beste Milch für Mozzarella

Mit dem Wasserbüffel verbindet sich die Vorstellung von seiner Nutzung als Zugtier beim Reisanbau. In weiten Gebieten Asiens ist er in dieser Nutzungsform auch heute noch unentbehrlich. Man unterscheidet zwei Gruppen: Sumpfbüffel und Flussbüffel. Der Sumpfbüffel wird vor allem als Arbeitstier genutzt. Beim Flussbüffel liegt die Hauptnutzung in der Milchproduktion.

Von Südostasien aus gelangten die Wasserbüffel zunächst in den Mittleren Osten. Ab dem 6. Jahrhundert brachten Kreuzfahrer sie von dort nach Europa. In den folgenden Jahr-

hunderten waren in Europa vor allem Bulgarien, Rumänien, Ungarn und Italien in der Wasserbüffelhaltung von Bedeutung. Während Wasserbüffel in den Donauländern bis heute überwiegend als Arbeitstiere eingesetzt werden, steht in Italien die Milchgewinnung im Vordergrund. Die größten Wasserbüffelbestände finden sich in den Pontischen Sümpfen südlich von Rom. Von hier stammt der echte Mozzarella-Käse.

1917 wurde der „Deutsche Büffelzuchtverein" gegründet, der die Büffelzucht in Deutschland vorantreiben sollte. Eine Herde Büffel wurde aus Siebenbürgen eingeführt. Während des Ersten Weltkriegs wurden jedoch viele Tiere geschlachtet. Seit etwa 1995 feiert der Haus-Wasserbüf-

(Fotos: Kai Frölich)

Steckbrief

Der Körper der Haus-Wasserbüffel ist gedrungen. Haut und Haarkleid sind im Allgemeinen schieferfarben bis anthrazit-schwarz. Während die Hörner aller Hausrinder im Querschnitt rund oder oval sind, haben die der Wasserbüffel einen dreieckigen Querschnitt und sind dadurch besonders markant. Das Gewicht ausgewachsener Wasserbüffelkühe erreicht 500 bis 600 Kilogramm, Bullen können etwa 700 Kilogramm schwer werden.

Büffelmilch enthält mit 7 bis 8 Prozent nahezu doppelt so viel Fett wie Kuhmilch und auch der Eiweißanteil liegt mit 7 Prozent erheblich höher. Büffelmilch wird hauptsächlich zu Käse (Mozzarella) verarbeitet.

Wasserbüffel sind genügsam und anspruchslos in Haltung und Fütterung. Im Unterschied zu Hausrindern, die harte oder stachelige Gewächse verschmähen, fressen Wasserbüffel auch Disteln, Brombeeren, Brennnesseln oder Schilf. Damit sind sie ideal für das schonende Beweiden von Feucht- und Moorgebieten, Naturheiden und Brachland. Mit ihren breit gespreizten Klauen finden sie selbst im sumpfigen Morast sicheren Halt.

Wasserbüffel benötigen unbedingt eine Wasserstelle beziehungsweise eine Schlammsuhle zur Abkühlung, da sie nur sehr wenige Schweißdrüsen zur Temperaturregulation besitzen.

fel auch in Deutschland wieder ein Comeback. Neben der Hobbyhaltung hat er sich in drei Nutzungsrichtungen etabliert: in der Landschaftspflege, in der Fleisch- sowie in der Milchproduktion.

Heute leben in Deutschland mehr als 3000 Büffel. Während in Deutschland Wasserbüffel immer noch eine Rarität sind, gibt es weltweit rund 170 Millionen Tiere. Ihre größte Verbreitung liegt dabei nach wie vor in Südasien, Indien und China.

(Fotos: Sabine Vielmo/Arche Warder)

Buntes Bentheimer Schwein — oder warum ein bisschen Fett nicht schaden kann

Nur einer Handvoll störrischer Bauern ist es zu verdanken, dass es die Bunten Bentheimer Schweine heute noch gibt. Allen voran Gerhard Schulte-Bernd aus dem Bentheimerischen Isterberg, der seit den 1950er-Jahren über mehrere Jahrzehnte seine „Swartbunten" gehegt und gepflegt hat und ein eigenes Zuchtbuch führte, als das offizielle Herdbuch längst geschlossen war. Er hielt an den Bentheimern fest, weil für ihn das weiße, wässerige Schweinefleisch, das von mageren Rassen aus benachbarten Ländern seit den 1960er-Jahren den Markt überschwemmte, eine Zumutung war.

Schweine mit schwarzen Flecken auf grauer oder weißer Haut gab es in Mitteleuropa schon seit Jahrhunderten. Aber erst um 1840 begann man im westlichen Niedersachsen mit der gezielten Zucht gescheckter Schweine. Bauern in den Landkreisen Bentheim und Cloppenburg kreuzten englische Cornwall- und Berkshire-Schweine mit deutschen Marschschweinen. Zur Weiterzucht wurden nur die bunt gescheckten, schlappohrigen Ferkel verwendet. So entstand aus diesen drei Rassen eine neue: das Bunte Bentheimer.

1955 schließlich wurde offiziell ein Zuchtverein gegründet. Zu dieser Zeit befand sich die Rasse allerdings schon im Niedergang. Nachdem es lange Zeit ein beliebter Lieferant hochwertiger Fleisch- und Wurstprodukte gewesen war, geriet das Bentheimer Schwein nun in die Mühlen des sich ändernden Verbraucherverhaltens und -geschmacks. Jetzt war fettarmes Fleisch gefragt, und das konnten die Bunten Bentheimer nicht bieten. Die Zucht wurde Stück für Stück aufgegeben, bis nur noch die Gruppe um Bauer Schulte-Bernd übrig blieb.

Seit 1988 wird wieder ein Zuchtbuch geführt. Dennoch gilt das Bunte Bentheimer Schwein weiterhin als stark gefährdet.

Bunte Bentheimer bald berühmt für leckeren Schinken?

Luftgetrocknete Schinken aus Italien und Spanien sind wegen ihres intensiven Aromas weltweit begehrt. Aber auch in Deutschland gibt es luftgetrocknete, ungeräucherte Schinken, die den Vergleich nicht zu scheuen brauchen. Das Geheimnis eines wirklich guten Schinkens dieser Art liegt zum einen in einer traditionellen Herstellungsweise, die gänzlich auf Nitritpökelsalz und chemische Zusätze verzichtet. Sehr wichtig ist allerdings auch die Ernährung und artgerechte Haltung der Schweine, deren Hinterkeulen verarbeitet werden. Immer mehr Betriebe in Westfalen setzen auf die alte Rasse Bunte Bentheimer. Frische Luft und viel Bewegung führen zu dem erwünschten festen Fleisch.

Nach dem Vorbild der berühmten spanischen Pata-Negra-Schweine werden die westfälischen Bentheimer am Ende der Mast mit Eicheln gefüttert, was dem Fleisch einen nussigen, aromatisch ausgewogenen Geschmack gibt.

Steckbrief

Das Bunte Bentheimer Schwein ist mittelgroß und lang gestreckt. Den Kopf kennzeichnen eine breite Stirn und mittelgroße Schlappohren. Die markante bunte Zeichnung umfasst einige bis zahlreiche schwarze Flecken auf rosa oder hellgrauer Haut.

Das Schwein ist stressstabil, robust und genügsam in der Haltung.

Bunte Bentheimer sind eine eigenständige Rasse. Eine „Blutauffrischung" mit anderen regionalen Schlägen ist nicht möglich, weil damit das Bunte Bentheimer Schwein unwiderruflich verloren ginge.

Die Bunten Bentheimer Schweine sind ideal für die Weidehaltung, trotzen ungemütlichem Wetter und sind gute Futterverwerter. Im Stall bei konventionellem Kraftfutter würden sie verfetten. In der heutigen Zeit passen diese Eigenschaften sehr gut zu den Vorgaben von Bioverbänden, die für Schweine Auslauf, Licht und viel Luft vorschreiben.

Rotbuntes Husumer Schwein – das „Protestschwein" der Dänen

Das Rotbunte Husumer Schwein soll aus einem politischen Konflikt entstanden sein: Nachdem ein Teil Dänemarks im Jahr 1864 durch preußische und österreichische Truppen erobert wurde, durften die dänischen Bauern ihre Flagge nicht mehr hissen. Sie züchteten daher aus dem Angler Sattelschwein und dem Jütländischen Marschschwein rotweiße Schweine: die Rotbunten Husumer. Diese Farbzeichnung repräsentierte die rotweiße Flagge Dänemarks. Die Bauern ließen diese rotweißen Schweine dann mit Genugtuung in ihren Vorgärten spazieren, was der Rasse den Beinamen „Dänisches Protestschwein" einbrachte.

1954 wurde die Rasse offiziell anerkannt. Seit 1968 konnte keine weitere Geburt verzeichnet werden, sodass die Rasse nach 1969 zunächst in Vergessenheit geriet und schließlich ausstarb. Als Tiere 1984 auf der „Grünen Woche", der weltgrößten Landwirtschaftsausstellung in Berlin, wieder auftauchten, führte dies zu allgemeinem Erstaunen: Ein Metallingenieur aus Baden-Württemberg hatte die Husumer Protestschweine aus seinem gemischten Bestand nach ihren äußerlichen Merkmalen wieder nachgezüchtet.

Von Berlin aus gelangten sie dann auf Umwegen in den Tierpark Neumünster. Die heutigen Rotbunten Husumer Schweine sind zwar der Ausgangsform sehr ähnlich, aber nicht direkt mit ihr verwandt, was in Fachkreisen als phänotypische Rückzüchtung bezeichnet wird. 1996 schlossen sich interessierte Züchter zum „Förderverein

(Fotos: Lisa Iwon/Arche Warder)

Rotbuntes Husumer Schwein e.V." zusammen, der eine offizielle Kennzeichnung und Erfassung der Bestände durchgeführt hat. Schleswig-Holstein fördert die Züchtung der Rotbunten aufgrund der kulturhistorischen Bedeutung dieser Rasse, auch wenn es sich nicht mehr um die „Originalrasse" handelt. Rotbunte Husumer sind daher ebenso wie das Heckrind ein gutes Beispiel dafür, dass ausgestorbene Rassen als genetische Ressourcen für immer verloren gehen, auch wenn ihre äußerliche Erscheinung rückzüchtbar ist.

Heute gibt es wieder circa 80 Tiere, davon sind 20 Sauen und 12 Eber im Zuchtbuch eingetragen. Der Bestand der Rotbunten Husumer wird als kritisch eingestuft und als „phänotypische Erhaltungspopulation" bezeichnet. In extensiver Haltung zeigen sie ihre enorme Vitalität.

Steckbrief

Rotbunte Husumer Schweine sind robust, genügsam und haben einen ausgeprägten Mutterinstinkt. Eine Sau kann in zwei Würfen im Jahr bis zu 24 Ferkel aufziehen. Besonders hervorzuheben ist das marmorierte, also mit Fettadern durchsetzte und daher sehr schmackhafte Fleisch.

Eber erreichen Schulterhöhen von über 90 Zentimetern, die Sauen von circa 80 Zentimetern. Eber wiegen maximal 350 Kilogramm, Sauen mit 300 Kilogramm etwas weniger.

(Fotos: Sabine Vielmo/Arche Warder)

Angler Sattelschwein –
mit Sattel, aber nicht zum Reiten

Begonnen hat die Geschichte des Angler Sattelschweins in den 1920er-Jahren. Noch keine 100 Jahre alt, hat diese Schweinerasse bereits eine sehr bewegte Vergangenheit aufzuweisen und steht heute leider recht weit oben auf der Roten Liste der bedrohten Nutztierrassen in Deutschland.

Bis zum 19. Jahrhundert wurde in Schleswig-Holstein das „Holsteinische und Jütländische Marschschwein" gehalten, von dem das Angler Sattelschwein abstammt. Zur Verbesserung der Zucht machte sich im Jahr 1926 ein Landwirt aus dem Dorf Süderbrarup in der schönen Region Angeln im Norden Schleswig-Holsteins nach England auf und kaufte dort eine tragende Sau der „Wessex Saddleback"-Rasse.

Man erhoffte sich von der Einkreuzung mit der ebenfalls schwarzbunt gefärbten englischen Sattelschweinrasse rascheren Wuchs und eine bessere Ferkelzahl pro Wurf. Der erwünschte Erfolg stellte sich ein, und in den folgenden Jahren wurden weitere Schweine dieser Rasse aus England importiert, bis dann im Jahr 1937 das Angler Sattelschwein als neue Schweinerasse offiziell anerkannt wurde.

Zu diesem Zeitpunkt war das Angler Sattelschwein mit über 80 000 Tieren die in Schleswig- Holstein am weitesten verbreitete Schweinerasse. Die hervorragenden

Muttereigenschaften, die gute Weidefähigkeit und die Anspruchslosigkeit in der Haltungsform hatten das Angler Sattelschwein ungeheuer populär gemacht.

Der Speck, der noch bis nach dem Zweiten Weltkrieg hoch geschätzt war, wurde den Schweinen dann später zum Verhängnis. Bereits ab Mitte der 1950er-Jahre wuchs die Nachfrage nach fettarmem Schweinefleisch – damit konnte das Sattelschwein nicht dienen. Weg vom Fett war nun die Devise, hin zu mageren Schweinerassen.

Anfang der 1990er-Jahre gab es in den alten Bundesländern nur noch zehn Angler Sattelschweine. Vermutlich wäre es sogar ganz ausgestorben, wenn nicht eine 1991 gegründete Züchtergemeinschaft alles darangesetzt hätte, diese Rasse zu erhalten. Um den kümmerlichen Bestand wieder aufzufrischen, wurden Sattelschweine aus Ungarn reimportiert sowie ein noch existierender Bestand aus der ehemaligen DDR übernommen.

Steckbrief

Das Angler Sattelschwein verdankt seinen Namen dem weißen „Sattel", der sich im Idealfall über die Schulter und die Vorderbeine hinzieht. Die Körpergröße der Sauen beträgt bis zu 84 Zentimeter bei einem Gewicht bis zu 300 Kilogramm. Die beachtlichen Eber erreichen Schulterhöhen von über 90 Zentimeter und bringen bis zu 350 Kilogramm auf die Waage.

Die Rasse ist robust gegenüber extremen Witterungsbedingungen und anspruchslos in der Futterwahl. Sie eignet sich hervorragend für ökologisch wirtschaftende Betriebe mit Hütten- und Weidehaltung.

Besonders hervorzuheben sind die sehr guten Muttereigenschaften. Die Sauen bekommen zwei Würfe im Jahr mit jeweils bis zu zehn bis zwölf Ferkeln.

Schweine sind zwar Allesfresser, lieben jedoch Abwechslung im Futtertrog. Das Grundfutter besteht meist aus Getreide, Körnerleguminosen, Ackerbohnen und Grünfutter.

Da Schweine keine Schweißdrüsen besitzen und daher ihre Körpertemperatur nicht durch Schwitzen regulieren können, müssen sie sich bereits ab einer Lufttemperatur von 23 Grad Celsius abkühlen können – entweder in Schlamm- oder Wasserbädern. Ein positiver Nebeneffekt ist, dass im Schlamm lästige Insekten und Plagegeister eingebacken werden. Die getrocknete Kruste wird am nächsten Scheuerpfahl abgeschubbert.

Turopolje –
das Schwein, das tauchen kann

Die Geburtsstunde des Turopolje-Schweins geht auf das Jahr 1777 zurück. Damals wurden unter der Herrschaft von Kaiserin Maria Theresia dunkle Schweine aus England nach Kroatien gebracht.

Vermutlich waren es Berkshire- oder gefleckte Leicester-Eber, die mit den lokalen, weiß-grauen Siska-Schweinen Kroatiens gekreuzt wurden. In den folgenden 130 Jahren soll kein fremdes Blut in dieses Zuchtgebiet gebracht worden sein, sodass 1911 die Turopolje-Schweine als selbständige Rasse anerkannt wurden.

Man hat über sehr lange Zeit die Tiere weitergezüchtet, die perfekt an das Leben in den Überschwemmungsgebieten der Save-Auen angepasst waren. Turopolje sind ausgezeichnete Schwimmer, und nicht selten tauchen sie nach Wasserpflanzen und sogar Muscheln.

Das Turopolje-Schwein hat eine bis zu 15 Zentimeter dicke Speckschicht und dichte Borsten, die es von Natur aus optimal vor Kälte und Hitze schützen. Damit ist es bestens an die ganzjährige Freilandhaltung als Weideschwein angepasst. Bis zum Ausbruch des serbisch-kroatischen Krieges 1991 hatte der traditionsreiche Fleischverarbeitungsbetrieb Gavrilovic in Petrinja alle Mastschweine aus dem Turopolje-Bestand zur Salamiproduktion aufgekauft.

Zur Blütezeit des Turopoljes Ende der 1950er-Jahre wurden 58000 Tiere in den Save-Auen von Schweinehirten gehalten. Trotzdem war es mit den Beständen seit

(Foto: Kai Frölich)

(Foto: Sabine Vielmo/Arche Warder)

Arche Warder hat die größte Turopolje-Zuchtgruppe in Deutschland. Hier leben die Tiere in einem einzigartigen und artgerechten Gehege mit großem Schwimmteich.

Steckbrief

Das Turopolje-Schwein ist mittelgroß, wird bis zu 250 Kilogramm schwer und hat eine graue Grundfarbe mit kleineren und größeren schwarzen Flecken, die unregelmäßig über den ganzen Körper verteilt sind. Die dicht am Körper anliegenden Borsten sind gleichmäßig stark und an einigen Stellen leicht gekraust. Als Landrasse können aber große Farbvariationen auftreten.

Typisch für den Kopf ist der halblange Rüssel mit dem leicht eingedellten Nasenrücken sowie die mittellangen, leicht hängenden Ohren. Die Klauen sind dunkel pigmentiert und sehr hart. Die Tiere haben kräftige, im Verhältnis zu anderen Rassen relativ lange Beine.

Die Turopolje sind eine spätreife Rasse, die mit zwei Jahren ausgewachsen sind. Bei artgerechter Haltung können die Turopolje-Schweine ihre wahre Leistung – zum Beispiel die sehr gute Raufutterverwertung – entfalten. Das Fleisch eignet sich hervorragend für Dauerwurstwaren sowie für festen, kernigen Speck.

Turopolje-Schweine stellen aufgrund ihrer Ursprünglichkeit und Robustheit eine wertvolle Genreserve für die Schweinezucht dar.

den 1960er-Jahren stetig bergab gegangen. Man begann die Auenwälder entweder abzuholzen oder intensiver zu nutzen, sodass der Lebensraum für die Schweine immer kleiner wurde. Ende der 1980er-Jahre gab es nur noch 150 Exemplare. Der Krieg brachte die Rasse an den Rand des Aussterbens. Wilderei und Schießübungen von Soldaten ließen nur wenige Turopolje-Schweine überleben. Die letzten rund 30 reinrassigen Tiere, die in einem Stall eines alten Schweinezüchters in Sicherheit gebracht worden waren, konnten ins Hinterland und ins Ausland nach Österreich gerettet werden.

Seit dem Kriegsende 1999 bemüht sich die Verwaltung des Naturparks Lonjsko Polje, die Zucht der Turopolje wieder neu aufzubauen. Auch in Österreich zeigen die Zuchtanstrengungen nach anfänglichen Schwierigkeiten erste Erfolge. Der Tierpark

(Fotos: Sabine Vielmo/Arche Warder)

Mangalitza – mal blond, mal rot, mal schwalbenbäuchig

Das Mangalitza-Schwein stammt ursprünglich aus Südosteuropa. Es wurde in Serbien, Rumänien, Bulgarien und Ungarn mit anderen Landschweinrassen veredelt und weitergezüchtet.

Der Name Mangalitza bedeutet so viel wie „walzenförmig". Anderen Quellen zufolge leitet es sich von dem serbokroatischen Wort „mangulica" ab, was so viel wie „leicht fett werdend" heißt.

Schon im 13. Jahrhundert wird in Ungarn von „wolligen, fetten Schweinen" berichtet. Doch das Wollschwein, wie wir es heute kennen, dürfte erst Anfang des 19. Jahrhunderts entstanden sein. Obwohl es fast immer als typisch ungarisches Schwein betrachtet wird, liegen die Wurzeln des Mangalitzas in Serbien.

Ursprünglich gab es vier Farbvarianten: Blonde, Rote, Schwalbenbäuchige und Schwarze. Das Blonde Mangalitza geht auf das serbische Sumadija-Schwein zurück, welches mit dem ungarischen Bakonyer-Schwein und dem Szalontaer-Schwein gekreuzt wurde. Das Rote Mangalitza ist eine Kreuzung des Blonden Mangalitzas mit dem kroatischen Syrmien-Schwein und damit kleiner als das Blonde Mangalitza. Das Schwalbenbäuchige Mangalitza, ursprünglich aus der Kreuzung von Blonden Mangalitzas mit kroatischen Syrmien-Schweinen entstanden, ist schwarz mit Ausnahme des unteren Halsbereiches und der unteren Bauchseite. Das Schwarze Mangalitza gilt als ausgestorben.

Um 1900 gab es noch mehr als 6,5 Millionen Wollschweine, die in den Steppen in Ungarn und Rumänien in extensiver Herdenhaltung überall das Landschaftsbild prägten. Oft wurden sie über Hunderte von Kilometern bis zum Schlachthof nach Wien getrieben. Um 1950 war das Mangalitza in halb Europa vertreten und stand aufgrund der Menge und Qualität seines Specks ganz oben auf der Speisekarte. Schinken und Salami vom Mangalitza galten als hochwertige Delikatesse.

Nach dem Zweiten Weltkrieg reduzierte sich die Wollschweinzucht drastisch, da sich das Konsumentenverhalten langsam änderte: „Weg vom Fett" war nun die Devise, hin zu magereren Schweinerassen. Dabei ist Fett der wichtigste Geschmacksgeber im Fleisch, und eine ausgewogene Marmorierung mit Fett, das viele ungesättigte Fettsäuren enthält, wertet dieses Fleisch erheblich auf.

Des Weiteren weisen die Mangalitzas im Vergleich zu den modernen Hochleistungsrassen eine geringere Fruchtbarkeit auf. Aus diesen Gründen sank der Bestand bis in die 1990er-Jahre drastisch auf einige hundert Exemplare.

Inzwischen sind Mangalitzas dank eines deutsch-ungarischen Forschungsprojekts nicht mehr gefährdet. Die Wissenschaftler fanden die Ursachen für die geringe Fruchtbarkeit heraus und haben somit maßgeblich dazu beigetragen, dass die Bestände wieder wirtschaftlich genutzt werden können. Nun gilt ihr edles und gesundes Fleisch als Delikatesse und ist international gefragt. Derzeit gibt es wieder über 60 000 Tiere.

(Foto: Carol Frölich)

Steckbrief

Das Wollschwein ist robust, anspruchslos und wenig stressanfällig. Durch das dichte und lockige Haarkleid ist es gegen Kälte und Sonnenbrand geschützt und dadurch für die ganzjährige Freilandhaltung hervorragend geeignet. Generell sind Schweine ausgesprochene Freilandtiere – wenn sie industriell gehalten werden, verringert sich ihre Paarungslust.

Die Borsten waren früher sehr begehrt als Stopfmaterial im Sattlergewerbe. Wenn die Tiere wie im Tierpark Arche Warder artgerecht gehalten werden, werfen sie ihr dickes, gekräuseltes Winterfell im Frühjahr ab. Das Sommerfell ist etwas weicher und kürzer, sodass die dunkle Haut durchscheint und die Tiere insgesamt dunkler wirken. Dunkel gefärbt sind auch Lider, Rüsselscheibe und Klauen. Die Ferkel sind wie Wildschweinfrischlinge längs gestreift – ein Zeichen für die Ursprünglichkeit dieser Rasse.

Die Eber erreichen eine Schulterhöhe von circa 80 Zentimeter und ein Gewicht von 200 bis 300 Kilogramm. Die Sauen sind etwas kleiner und im Schnitt 50 Kilogramm leichter.

Dort wo die Bestände ausreichend groß sind, wird aus dem dunklen Fleisch des Wollschweins heute wieder die original ungarische Salami zubereitet. Als weitere Spezialitäten gelten der Speck und das Spanferkel.

Schwedisches Linderöd-Schwein –
groß und hochbeinig

Das Schwedische Linderöd-Schwein ist der unbeeinflusste Restbestand einer alten Landrasse aus dem südschwedischen Gebiet um den Berg Linderödsåsen. Diese Rasse besaß von jeher eine große individuelle Variationsbreite. Was die Farbmuster angeht, waren die Tiere immer gescheckt bei unterschiedlicher grauweißer bis rötlichbrauner Grundfärbung.

Bis ins 18. Jahrhundert war diese Rasse in Schweden weit verbreitet und die Tiere streiften durch die ausgedehnten Waldgebiete. Durch die steigende Nachfrage nach importierten Rassen verschwand das Linderöd-Schwein bis ins 20. Jahrhundert fast vollständig.

In den 1950er-Jahren stieß der Tierpark Skåne auf den Bestand von drei Ebern und zwei Sauen sowie fünf Ferkeln bei einem Bauern aus der Region Linderöd. Diese Tiere bildeten die Basis der heutigen Linderödzucht. Durch Reinzucht der Nachkommen sollte die Reinrassigkeit bewahrt werden. Da die Linderöd-Schweine aber gute Futterverwerter sind, setzen sie allerdings leicht Fett an. Um den Fettanteil des Flei-

(Foto: Lisa Iwon/Arche Warder)

sches zu reduzieren und um ein etwas spitzeres Maul zu erhalten, kreuzte der Tierpark Skåne regelmäßig Wildschweine ein.

1992 endete diese Einkreuzung und es gründete sich der Zuchtverband „Landtsvinet", der sich dem Erhalt der Linderöd-Schweine verschrieb. Die ermittelte Gesamtanzahl der Zuchttiere betrug damals 40. Das Ziel des Verbands ist, dass diese robuste Rasse bis zum Jahr 2020 circa 500 Zuchttiere umfasst. Die genetische Variabilität soll somit erhalten werden.

Ein Vorteil des spitzen Mauls ist, dass Linderöd-Schweine damit auch in tieferen Schichten wühlen können, was insbesondere bei Waldböden von Belang ist. Auch heutzutage werden Herden von Linderödschweinen ganzjährig in den ausgedehnten Buchenwäldern Südschwedens gehalten.

Das Schwedische Linderöd-Schwein ist vom Aussterben bedroht, denn weltweit gibt es nur noch wenige hundert Tiere. Damit gilt die Rasse als gefährdet.

(Fotos: Kai Frölich)

(Fotos: Kai Frölich)

Chinesisches Maskenschwein –
so schön können Falten sein

Das Chinesische Maskenschwein wird auch Mei-Shan genannt und gehört neben drei weiteren Rassen zu den Tai-Hu-Schweinen. Schon vor rund 400 Jahren war diese Rasse in China bekannt. Sie ist eine der ältesten Hausschweinerassen, die uns bis heute erhalten geblieben ist.

Das Gebiet rund um den Tai Hu See, einer der größten Seen Chinas westlich von Shanghai, gehört zu dem Hauptverbreitungsgebiet dieser Schweinerasse mit der ganz besonderen Optik. Das herausstechendste Merkmal des Chinesischen Maskenschweins ist sein faltiges Gesicht mit dem kurzen Rüssel. Die restlichen Hautpartien sind individuell mal mehr oder weniger faltig. Grundsätzlich sind die Falten bei den weiblichen Tieren stärker ausgeprägt als bei den männlichen Tieren. Die Neigung zu einem Hängebauch ist ebenfalls bei den Sauen stärker vorhanden. Trotz der Falten gibt es keine Hinweise, dass die Maskenschweine anfälliger für Hautkrankheiten oder Parasiten sind. Obwohl ihr ursprüngliches Verbreitungsgebiet im subtropischen, milden Klima liegt, kommen sie auch mit dem gemäßigten Klima Mitteleuropas zurecht. Lediglich die Wintermonate sollten sie im Stall verbringen.

Zu Beginn des 20. Jahrhunderts importierte man das Chinesische Maskenschwein aus seiner Heimat in verschiedene zoologische Gärten, auch nach Deutschland. Der Maskenschweinbestand wird als kritisch eingestuft und auf weltweit etwa 2000 Tiere geschätzt. Aus ihrer ursprünglichen Heimat in China sind keine Zahlen bekannt.

Steckbrief

Nicht nur die Falten im Gesicht und zum Teil auch am Körper machen das Chinesische Maskenschwein zu einer einmaligen Erscheinung. Auch die Färbung ist besonders: Maskenschweine zeigen nur eine geringe Körperbehaarung, ihre Haut ist dunkelgrau bis schwarz gefärbt. Die Beine und die Nase können weiß sein.

Beachtlich sind die Größe und das Gewicht der Tiere. Bei ausgewachsenen männlichen Individuen kann die Schulterhöhe bis zu 75 Zentimeter betragen und sie erreichen ein Gewicht von 170 Kilogramm. Die Sauen sind etwas kleiner und leichter. Die Ohren sind im Durchschnitt über 30 Zentimeter lang.

Eine Besonderheit des Chinesischen Maskenschweins ist die frühe Geschlechtsreife und die sehr hohe Fruchtbarkeit. Mit vier Monaten sind die Eber voll zeugungsfähig. Die Sauen sind mit drei bis vier Monaten geschlechtsreif. Sie können mehrmals pro Jahr ferkeln und pro Wurf bis zu 20 Ferkel zur Welt bringen, wobei die meisten Sauen 16 Zitzen aufweisen. Damit sind die Würfe der Maskenschweine gegenüber europäischen Rassen um 30 Prozent größer. Der nachgewiesene Rekord geborener Maskenschweinferkel in einem Wurf liegt bei 40 Ferkeln!

Zudem sind die Chinesischen Maskenschweine sehr robust, anpassungsfähig, langlebig und haben sehr gute Muttereigenschaften.

Thüringer Waldziege –
Ziege mit Schweizer Blut

In Thüringen und besonders im Kreis Erfurt gab es seit langer Zeit eine intensive Ziegenzucht. Im Gegensatz zum Rind oder zum Pferd hat man Ziegen jedoch erst seit dem Ende des 19. Jahrhunderts nach speziellen Rassen gezüchtet. Um die Qualität der bodenständigen Thüringer Landschläge anzuheben, importierte man ab 1897 regelmäßig Toggenburger Böcke aus der Zentralschweiz.

Insbesondere die Milchleistung und die Widerstandsfähigkeit sollten verbessert werden. Die Toggenburger Ziegen sind bis heute bekannt als robuste und milchreiche Rasse. Mit dieser sogenannten „Verdrängungskreuzung" entstand im Laufe der Jahre zunächst die Thüringer-Toggenburger Ziege. Später entwickelte sie sich zu einer von der Toggenburger Ziege klar abgrenzbaren, eigenständigen Rasse. 1935 wurde sie offiziell anerkannt und erhielt den Namen Thüringer Waldziege.

Nach kurzer Blütezeit in den Jahren nach dem Zweiten Weltkrieg gingen die Bestände in den folgenden Jahrzehnten immer stärker zurück. Hatte man bei einer Viehzählung im Januar 1936 noch 57 105 Thüringer Waldziegen ermittelt, war der Herdbuchbestand im Jahr 2002 auf etwas

(Foto: Sabine Vielmo/Arche Warder)

über 500 Tiere zusammengeschrumpft. Heute sind nur noch zwei Zuchtlinien vorhanden. 1988 wurden wiederum einige Toggenburger Ziegen in die Population eingekreuzt, um einer verstärkten Inzucht entgegenzuwirken.

In den letzten Jahren konnte der Bestand glücklicherweise deutlich erhöht werden. Es wird allerdings noch einige Zeit dauern, bis das Überleben dieser stattlichen Ziegenrasse gesichert ist. Inzwischen betreiben 106 Züchter in 13 Bundesländern wieder die Zucht dieser Ziegenrasse. Über 700 weibliche Tiere verzeichnen die Herdbuchzüchter gegenwärtig, 45 Prozent davon leben in Thüringer Ställen.

Schon immer war es so, dass Ziegen den Menschen mit wenig Aufwand viel Nutzen bringen. Sie brauchen weder teures Kraftfutter noch komfortable Ställe. Der jährliche Ertrag kann weit über dem Tierwert liegen – während zum Beispiel eine Kuh pro Jahr nur einen Viertel ihres Marktwerts liefert.

Die Ziege ist durchaus wählerisch und prüft mit Nase und Zunge, was sie frisst. Da sie aber im Gegensatz zu Rind und Schaf auch stark aromatische und salzhaltige Kräuter, an Zellulose reiche Pflanzen sowie das Laub von Bäumen und Büschen verdauen kann, überlebt sie auch an Orten, wo andere Haustiere verhungern müssten. Die Thüringer Waldziege ist daher auch hervorragend für die Landschaftspflege geeignet.

Steckbrief

Die Thüringer Waldziege fällt durch ihre beeindruckende Größe auf. Die Widerristhöhe liegt zwischen 70 und 85 Zentimeter und das Gewicht zwischen 40 und 70 Kilogramm.

Sehr typisch sind auch die hellen Streifen in der Gesichtsmaske und die hell gesäumten Ohren, die den Tieren ein besonders freundliches Erscheinungsbild verleihen. Ebenso charakteristisch sind die kurzen, glatt anliegenden Haare, deren Farbe von Hell- bis Schokoladenbraun reicht. Hin und wieder treten auch schwarze Tiere in der Rasse auf, die früher nicht sehr geschätzt wurden, heute aber einige Liebhaber finden.

Die Tiere können gehörnt oder ungehörnt vorkommen. Die Milchleistung liegt bei 700 bis 1000 Kilogramm im Jahr und damit gut über dem Durchschnitt. Außerdem zeichnen sich diese Ziegen durch eine hohe Fruchtbarkeit und häufige Mehrlingsgeburten aus.

Neben der Nutzung als Milchtiere werden die Ziegen auch aufgrund ihres an ungesättigten Fettsäuren reichen Fleisches gehalten.

Die Thüringer Waldziege ist extrem robust und widerstandsfähig. Ursprünglich für die im Thüringer Wald herrschenden Bedingungen gezüchtet, machen den Tieren harte Winter und hohe Niederschlagsmengen kaum etwas aus. Aufgrund dieser Eigenschaften ist diese Ziegenrasse auch gut für die Landschaftspflege geeignet.

Skudde – zierliche Landschaftspfleger

Die Skudden sind eine alte Landschafrasse und gehören wie die Heidschnucken (siehe Seite 94 bis 95) zu den kurzschwänzigen nordischen Heideschafen. Die zierlichen Schafe zählen mit zu den ältesten Haustierrassen. Fasern aus Skuddenwolle, die in Grabstätten in der Nähe der Wikingersiedlung Haithabu bei Schleswig gefunden wurden, belegen, dass diese Rasse bereits vor 2000 Jahren als Nutztier gehalten wurde. Aus dieser Gegend, so vermuten Wissenschaftler, haben sich die Skudden über den gesamten nordeuropäischen Kontinent verbreitet – von den Shetlandinseln bis weit ins Baltikum.

Fest steht, dass die Skudde von jeher das Landschaf Ostpreußens, besonders Masurens, war. Ihre enorme Fähigkeit, in extensiver Haltung auf nährstoffarmen Standorten zu gedeihen und dabei schmackhaftes, wildbretartiges Fleisch zu produzieren, machten sie auf mageren Flächen großer Güter ebenso beliebt wie bei Kleinbauern und Tagelöhnern. Die Einführung großer Leistungsschafrassen Mitte des 20. Jahrhunderts verlegte die Skuddenhaltung mehr in die Hände „kleiner Leute". Dies tat aber der Rasse wenig Abbruch, bis man versuchte, die Skudde durch Kreuzung zu veredeln. Der Versuch scheiterte, da es kaum Nachkommen gab.

Seit 1945 gilt die Skudde in ihrer ursprünglichen Heimat Ostpreußen als ausgestorben und wird in Deutschland auf der Roten Liste der gefährdeten Nutztierrassen als gefährdet geführt. Zum einen entspricht die raue Mischwolle, die für den Allwetterschutz der Tiere hervorragend geeignet ist, nicht mehr den heutigen Ansprüchen der Textilindustrie. Zum anderen sind die Tiere sehr leicht: Selbst starke Böcke wiegen gerade mal ein Drittel von dem, was herkömmliche Fleischschafrassen auf die Waage bringen.

Die heutige deutsche Skuddenzucht geht im Wesentlichen auf wenige Tiere

(Fotos: Sabine Vielmo/Arche Warder)

zurück, die 1941 vom Münchner Zoo gekauft worden waren und von dort aus den Weg zu anderen Tiergärten, später auch zu Einzelzüchtern fanden.

In der Arche Warder gibt es 20 Skudden. Einige Tiere des Bestandes sind an das Wikingermuseum in Haithabu ausgeliehen. Dies ist nicht nur eine Bereicherung für das Freilichtmuseum, sondern auch für den Schutz des Genpools ist es wichtig, dass die wenigen verbliebenen Tiere an verschiedene Orte verteilt werden.

Steckbrief

Die Skudde ist widerstandsfähig, anspruchslos und fruchtbar. Mit nur 50 Zentimetern Widerristhöhe ist sie ein relativ kleines Schaf. Es handelt sich aber keineswegs um Zwergschafe wie zum Beispiel das französische Quessant-Schaf, wie oft behauptet wird.

Skudden sind eher „normal" klein, während andere Rassen groß gezüchtet wurden. Mit 50 bis 55 Kilogramm haben Böcke im Vergleich zu anderen Schafen ein relativ geringes Gewicht. Mutterschafe liegen 5 bis 10 Kilogramm darunter. Das mischwollige Vlies ist weiß, schwarz oder goldbraun.

Die Böcke haben stets schneckenförmige Hörner, die bis zu 70 Zentimeter lang werden können. Die Mutterschafe sind hornlos oder mit Hornstummeln ausgestattet. Die Ohren der Skudden sind auffallend klein. Auch die Klauen sind zierlich, dafür aber extrem hart. Kennzeichnend ist darüber hinaus der kurze, oben bewollte und unten behaarte Schwanz.

Da die Böcke nicht aggressiv sind, eignen sich Skudden gut für die Haltung in Streichelgehegen und für die Landschaftspflege.

Die Robustheit und Vitalität dieser Schafe sind herausragend. Hält man Skudden wie früher mit wenig menschlicher Einmischung auf großen, vielfältig bewachsenen Flächen, so werden sie im Verhalten einem Rudel Wild immer ähnlicher. Skudden sind von Natur aus scheu, sehr lebhaft und ungeheuer aufmerksam. Stampfen und Fauchen drücken Abwehr aus. Berührungen weichen Skudden am liebsten aus, betrachten Ungewöhnliches aus sicherem Abstand und entziehen sich im Zweifelsfall durch Flucht.

Für die an magere Standorte angepassten Skudden sind fette Weiden Gift. Salz sowie bei Bedarf gutes Stroh und ein paar belaubte Zweige reichen bei Weidegang aus, als Winterfutter eignet sich spät gemähtes Heu von ungedüngten Wiesen. Skudden überwintern bei gutem Unterstand am liebsten im Freien.

Wegen ihrer Anspruchslosigkeit eignet sich die Skudde im Rahmen der Landschaftspflege besonders für Flächen mit geringem Nährstoffangebot unter rauen Klimabedingungen. Durch ihr sehr geringes Gewicht entstehen auch bei der Koppelschafhaltung keine Trittschäden.

(Fotos: Kai Frölich)

Jakobschaf –
eine biblische Rasse

Das Jakobschaf ist eine uralte Rasse, die vermutlich aus dem Heiligen Land stammt und bereits in der Bibel erwähnt wird. Der moderne Name Jakobschaf bezieht sich auf die Geschichte Jakobs im Buch Genesis der Bibel, wo Jakob als Entlohnung von seinem Schwiegervater Laban alle gefleckten Tiere erhält.

Mit den arabischen Eroberern kamen die Schafe einer Legende nach ab dem 8. Jahrhundert über Nordafrika nach Spanien. Spanische Seeleute haben Jakobschafe aufgrund ihrer ausgesprochenen Genügsamkeit auch auf ihren Schiffen gehalten. Beim Untergang der Armada vor der englischen Küste im August 1588 konnten sich einige Tiere an Land retten. Mancher Lord war so angetan von dem aparten Äußeren der Jakobschafe, dass er sie fortan in Parks hielt. Auf zahlreichen englischen Gemälden des 18. Jahrhunderts ist dann auch das ehemals hochgeschätzte Jakobschaf abgebildet.

Der Wirtschaftswert des Jakobschafes blieb jedoch gering, und so galten die gefleckten Schafe zu Beginn des 20. Jahrhunderts als beinahe ausgestorben. 1969 wurde die „Jacob Sheep Society" zur Erhaltung und Rettung der biblischen Schafrasse gegründet. Heute gibt es weltweit einige Tausend Jakobschafe, die meisten in England, einige Hundert in Deutschland.

Steckbrief

Allein die zwei bis vier Hörner dieser Tiere verleihen dem Schaf ein imposantes Aussehen. Es gibt sogar Tiere mit sechs Hörnern. Bereits ein paar Wochen nach der Geburt ist erkennbar, ob es ein Zwei- oder Vierhornlamm ist. Im Konkurrenzkampf der Böcke kann später schon mal ein Horn verloren gehen.

Jakobschafe sind klein bis mittelgroß. Die weiblichen Tiere wiegen zwischen 40 und 60 Kilogramm, die Böcke zwischen 50 und 80 Kilogramm. Bei den auf Gewicht gezüchteten englischen Tieren bringen es einige Böcke auf bis zu 90 Kilogramm. Jakobschafe werden im Durchschnitt 70 bis 80 Zentimeter groß und etwa 15 Jahre alt. Die Böcke sind mit zwei bis drei Jahren ausgewachsen. Die weiblichen Schafe haben einen ausgeprägten Mutterinstinkt.

Jakobschafe sind eine genügsame und robuste Landschafrasse. Sie haben mageres, sehr schmackhaftes und dem Wildbret ähnliches Fleisch.

Das Fell ist weißgrundig mit braunen oder schwarzen Flecken. Die Wolle ist sehr gut zum Spinnen, aber auch zum Färben und Filzen geeignet. Die Vliese sind vor allem von Handspinnern sehr begehrt, weil sie durch die verschiedenen Farben interessant zu verarbeiten sind. Sie sind relativ klein, wiegen zwischen 1,5 und 3 Kilogramm und haben eine Stapellänge von etwa 80 bis 150 Millimeter, in Ausnahmen bis zu circa 170 Millimeter. Sie enthalten wenig Lanolin und sind sehr offen, enthalten dadurch allerdings häufig auch viel Schmutz. Die Wollqualität ist weit gefächert und reicht von sehr weich mit leichtem Glanz bis zu rau mit Stichelhaar.

Auf zu schweren Böden neigen Jakobschafe zur Verfettung. Als Nahrung bevorzugen sie Gräser, Kräuter, Blätter, Knospen und Triebe.

Weiße Gehörnte Heidschnucke –
immer etwas im Hintergrund

Die Weiße Gehörnte Heidschnucke gehört zusammen mit der Weißen Hornlosen Heidschnucke und der Grauen Gehörnten Heidschnucke zur Rassegruppe der Schnucken. Als solche bezeichnet man kleine, leichte Landschafe, die besonders gut an das Leben in Heide und Moor angepasst sind.

Heidschnucken zählen zu den ältesten Schafrassen Mitteleuropas, wobei der genaue Zeitpunkt ihrer Entstehung nicht auszumachen ist. Sie sind ausgesprochen genügsame Tiere, die man schon von jeher auf kargen Böden und Heideflächen hielt und die es schafften, von dem dort wachsenden Nahrungsangebot zu leben.

Bis zum Ende des 19. Jahrhunderts erfolgte keine Differenzierung nach weißer oder grauer Farbgebung oder Behornung. Nur vereinzelt hielt man Bestände mit ausschließlich weißen Tieren. Damals hatte Schafwolle noch einen großen Wert. In vielen Haushalten wurde die Wolle ver-

(Fotos: Sabine Vielmo/Arche Warder)

Steckbrief

Die Weiße Gehörnte Heidschnucke ist ein genügsames, mischwolliges Landschaf. Es ist extrem wetterhart, aktiv und robust. Der lange, keilförmige Kopf trägt schneckenförmige Hörner bei den Böcken und sichelförmig nach hinten gebogene Hörner bei den weiblichen Tieren.

Das mischwollige Vlies soll reinweiß und gleichmäßig ausgebildet sein. Das äußere Vlies besteht aus grobem Oberhaar, das innere Vlies aus feinerem, weichem Unterhaar. Kopf, Beine und der kurze Schwanz sollen unbewollt und weiß behaart sein.

Das Fleisch der Heidschnucken ist sehr zart und hat aufgrund der extensiven Haltungs- und Fütterungsbedingungen einen wildbretähnlichen Geschmack. Es wird üblicherweise zu traditionellen Fleischgerichten und/oder zu besonderer Salami verarbeitet.

sponnen und auch aus der etwas gröberen Heidschnuckenwolle stellte man diverse Strickwaren her. Die weiße Heidschnuckenwolle war sehr begehrt, da die Wolle der Tiere gefärbt werden konnte.

1905 richtete die Landwirtschaftskammer von Hannover sogenannte Stammherden für graue und weiße Schnucken ein. Die Anerkennung der Weißen Gehörnten Heidschnucke erfolgte indirekt mit Gründung des Verbandes der Lüneburger Heidschnuckenzüchter 1949. Zu diesem Zeitpunkt gehörten 31000 Tiere – ausschließlich Graue Gehörnte Heidschnucken – zu dieser Züchtervereinigung.

Die Weiße Gehörnte Heidschnucke hatte nie ein zusammenhängendes Zuchtgebiet. Der Zuchtverband Weser-Ems ist für diese Rasse zuständig, und die Herden, insbesondere die ausgewählten, im Zuchtbuch geführten Stammherden, waren über das gesamte Weser-Ems-Gebiet verteilt. Heute werden die Weißen Gehörnten Heidschnucken in der Landschaftspflege, besonders in sehr trockenen Gebieten Schleswig-Holsteins und Niedersachsens eingesetzt.

(Foto: Sabine Vielmo/Arche Warder)

Walachenschaf –
äußerst wachsam mit ausgeprägtem Fluchtverhalten

Seit Urzeiten züchtete der Volksstamm der Walachen Schafe. Als ein Teil des Stammes ab dem 13. Jahrhundert aus Südrumänien auswanderte und in Polen, der Slowakei und Tschechien sesshaft wurde, brachte er seine Schafe mit. 300 Jahre lang haben die Tiere sich in der Abgeschiedenheit der Hohen Tatra und der Beskiden zu einer eigenständigen Rasse entwickelt – und zu Spezialisten für extrem magere und raue Standorte.

Die Walachenschafe sind äußerst wachsam mit ausgeprägtem Fluchtverhalten. Nähert sich ein Wolf, bekommen die Schafe es frühzeitig mit. Die Bauern hielten Walachenschafe in großen Herden und nutzten besonders die gute Milch, die sie zu Schafkäse verarbeiteten. Die Wolle wurde zur Teppichherstellung verwandt.

Im Rahmen der Planwirtschaft (1948 bis 1989) wurde das Walachenschaf durch Einkreuzung von Milch- und Fleischschafen zum Valaska-Schaf in der damaligen CSSR und zum Cakiel-Schaf in Polen umgezüchtet. Damit gingen jedoch die rassetypischen

Eigenschaften der Walachenschafe, insbesondere die Genügsamkeit, völlig verloren. Die Ursprungspopulation verschwand fast komplett.

Privaten Züchtern ist es zu verdanken, dass ein kleiner Restbestand der Walachenschafe aus der Hohen Tatra erhalten blieb. Heute zahlt die Tschechische Republik Fördergelder für die Zucht. Doch auch wenn die Zahl der Zuchttiere auf 200 Tiere angewachsen ist, kann man noch keineswegs von einem sicheren Rasseerhalt sprechen.

In Deutschland gibt es mittlerweile rund 25 Züchter des Walachenschafes mit insgesamt 150 bis 200 Muttertieren und 50 Zuchtböcken. 2004 konnte noch einmal für eine Blutauffrischung durch Importe von Tieren aus der Hohen Tatra gesorgt werden. Angesichts der immer häufiger auftretenden Tierseuchen, nicht zuletzt der Blauzungenkrankheit, sind diese Zahlen weiterhin alarmierend gering.

Walachenschafe sind eine Schwerpunktrasse in der Arche Warder. Es gibt im Tierpark eine relativ große Zuchtgruppe mit Herdbuchtieren.

(Foto: Lisa Iwon/Arche Warder)

Steckbrief

Das Walachenschaf ist kleinrahmig und feingliedrig mit langer und grober Mischwolle.

Die Grundfarbe der Tiere ist Weiß. Schwarze Pigmentflecken im Gesicht sorgen für eine individuelle Zeichnung. Es sind aber auch braune Tiere bekannt.

Die Böcke haben prächtige, spiralig gewundene Hörner, auch die Muttertiere sind oft behornt. Walachenschafe sind sehr temperamentvoll, scheu und wachsam. Sie sind robust und genügsam und können ganzjährig im Freiland gehalten werden.

Walachenschafe sind auch bestens für die Landschaftspflege geeignet. Die Trittschäden sind bei den leichtgewichtigen Tieren sehr gering.

Waldschaf – feine Wolle aus dem bayerischen Wald

Das Waldschaf geht auf das mittelalterliche Zaupelschaf zurück, das in früheren Zeiten in ganz Mitteleuropa beheimatet war. Das ursprüngliche Verbreitungsgebiet des Waldschafs reicht von Österreich über den Böhmerwald bis zum Bayerischen Wald.

1890 wird das sogenannte „Waldler-schaf" erstmals erwähnt. Bis ins späte 20. Jahrhundert war die Rasse nur wenigen Fachleuten außerhalb dieser Region bekannt. Mitte der 1980er-Jahre wurde erstmals ein Zuchtbuch für das Waldschaf erstellt. Die Benennung wurde von bayerischen Züchtern gewählt, um den Bezug zum Bayerischen Wald und dem Böhmerwald zu verdeutlichen.

Seit 1986 bestehen intensive Bemühungen, das Waldschaf zu erhalten. 1989 wurde es in Bayern als Herdbuchrasse anerkannt. Die Landeshauptstadt München baute auf einem ihrer Güter eine Genreserve auf.

Heute existieren in Deutschland wieder circa 1200 Zuchtschafe sowie 79 Zuchtböcke. Seit 1999 wird auch in Österreich ein straff geführtes Gen-Erhaltungsprogramm durchgeführt, das sehr gute Erfolge zeigt (1030 Zuchttiere).

(Fotos: Kai Frölich)

Die Mischwolle der Waldschafe ist eines der rassespezifischen Merkmale. Sie hat sich durch die jahrhundertelange Anpassung der Rasse an die rauen Lagen der Mittelgebirgsregionen entwickelt. Die Wolle besteht aus dem eher groben Kurzhaar sowie dem Lang- oder Grannenhaar und den sehr feinen Wollfasern, die den Hauptanteil bilden.

Das Waldschaf wird trotz der bisherigen Zuchterfolge als gefährdet eingestuft.

(Fotos: Kai Frölich)

Houtlandschaf –
der genügsame Belgier

Anfang des 20. Jahrhunderts entstand das Houtlandschaf in Belgien durch die Kreuzung von drei verschiedenen Schafrassen, nämlich dem Sambre-et-Meuse, dem Vlaamse und dem Ardennenschaf. Dadurch entwickelte sich diese gefleckt gefärbte Rasse, die vor allem in den Provinzen von Ostflandern und Wallonien verbreitet war. Zwei der Ursprungsrassen gehören zu den sogenannten „Heidetypen", die als robuste Rassen mit geringem wirtschaftlichem Nutzen und eher für die Fleischnutzung verwendet wurden. Daher wird das Houtlandschaf meist als alte Fleischrasse klassifiziert. Zugleich wird das Houtlandschaf neben anderen Rassen aufgrund der Fuchsfarbe zu den sogenannten Fuchsschafen gezählt. Die hohe Anpassungsfähigkeit der Houtlandschafe ermöglicht es, sie auch auf mageren Böden weiden zu lassen. Zwar liegt die Hauptnutzung vor allem auf der Fleischgewinnung, aber auch die Wolle wird genutzt.

In den Jahren zwischen 1995 und 1998 sank die Bestandszahl dieser Rasse rapide. Dies lag wohl überwiegend an der geringen Wirtschaftlichkeit, denn die Wolle des Houtlandschafs ist im Vergleich zur Merinowolle von eher durchschnittlicher Qualität. Bei der letzten Zählung ergab sich aus neun Herden eine Gesamtpopulation von 120 Zuchttieren. Aufgrund dieser geringen Anzahl reinrassiger Houtlandschafe ist der Bestand gefährdet.

Ein freundliches und zutrauliches Wesen zeichnet diese Rasse aus. Gleichzeitig sind Houtlandschafe auch sehr nervenstark.

(Foto: Lisa Iwon/Arche Warder)

Steckbrief

Das Houtlandschaf ist ein robustes, genügsames und meist hornloses Landschaf. Widder können schneckenförmig nach hinten gebogene Hörner haben. Bei weiblichen Tieren kommen sichelförmige Hörner vor. Das Houtlandschaf ist sehr fruchtbar und frühreif.

Beide Geschlechter zeichnen sich durch einen schmalen Kopf mit deutlich gewölbtem Nasenrücken aus. Diese ramsartige Nase ist grau-schwarz pigmentiert. Die Farbe der Wolle der Houtlandschafe ist weiß. Nur die Beine und der Kopf sind unbewollt und rötlich-braun pigmentiert. Es sind zwei Farbvarianten zu unterscheiden: die rotköpfigen und die weißköpfigen Houtlandschafe. Dabei ist die weiße Variante seltener als die rotköpfige.

Die Böcke erreichen ein Gewicht von circa 85 Kilogramm. Die weiblichen Tiere sind mit circa 60 Kilogramm deutlich leichter. Aufgrund ihrer Anspruchslosigkeit und Winterhärte können Houtlandschafe ganzjährig im Freien gehalten werden.

Ungarisches Zackelschaf – das Schaf mit den Korkenzieherhörnern

Das Zackelschaf ist eine alte ungarische Schafrasse, die aus der Kreuzung einiger ursprünglicher Karpatenrassen entstand. Auch heute wird es in seiner Ursprungsregion noch „Rackaschaf" genannt.

Eine erste schriftliche Erwähnung lässt sich auf das 16. Jahrhundert zurückdatieren. Bis zum Ende des 18. Jahrhunderts war das Zackelschaf das typische Tier der Schäfer im ungarischen Tiefland. Es ist vergleichbar mit dem Zaupelschaf im deutschsprachigen Raum. Im 19. Jahrhundert wurde es wegen der steigenden Nachfrage nach feineren Wollstoffen vielfach durch Merinoschafe verdrängt. Bereits zu Beginn des 20. Jahrhunderts galt das Zackelschaf deshalb als vom Aussterben bedroht. Heute macht es zusammen mit den anderen traditionellen Schafrassen nur noch fünf Prozent des Gesamtbestands an Schafen in Ungarn aus.

Diese lebhafte Rasse ist dank ihrer hohen Widerstandsfähigkeit gut in der extensiven Weidehaltung einzusetzen. Das Ungarische Zackelschaf ist die letzte noch erhaltene Schafrasse mit Schraubenhörnern, deren Entstehung vermutlich auf einer Mutation beruht und einzigartig unter den Schafrassen ist. Ursprünglich wurden diese Schafe für die Milch- und Fleischversorgung der ungarischen Landbevölkerung gezüchtet.

(Foto: Lisa Iwon/Arche Warder)

(Foto: Kai Frölich)

Steckbrief

Das Ungarische Zackelschaf ist ein mittelgroßes, mischwolliges, langschwänziges Schaf. Charakteristisch sind die V-förmig abstehenden, korkenzieherartig gedrehten Hörner, die bis zu einen Meter lang werden können. Die männlichen Tiere erreichen eine Schulterhöhe von circa 70 Zentimetern und ein Gewicht von bis zu 75 Kilogramm. Weibliche Tiere dagegen sind mit einer durchschnittlichen Höhe von 66 Zentimetern und einem Körpergewicht von bis zu 45 Kilogramm kleiner und leichter. Ihre Hörner sind nur halb so lang wie die der Böcke. Zackelschafe sind streng saisonal brünstig, die Lämmer werden im Januar bis Februar geboren.

Die Tiere sind anspruchslos und extrem widerstandsfähig. Sie sind besonders wachsam und auffällig scheu.

Es existiert eine weiße und eine schwarze Farbvariante. Die schwarzen Tiere haben graue Hufe, Haut und Zungen und das Fell beginnt mit einem Jahr zu ergrauen. Bei weißen Tieren färbt sich das Fell cremefarben. Das Fell ist generell eher grob und buschig.

Das Fleisch ist sehr schmackhaft und von wenig Fett durchzogen. Zackelschafe besitzen sehr gute Muttereigenschaften und eine gute Milchleistung. In Ungarn wird vor allem Käse aus dieser Milch gewonnen. Die grobe Wolle wurde zur Herstellung wetterunempfindlicher Pelzmäntel beziehungsweise -umhänge für die Hirten verwendet.

Der Bestand der Rasse wird als kritisch eingestuft. In Ungarn bemüht sich der Ungarische Schaf- und Ziegenzuchtverband seit 1991 um die Erhaltung. In Deutschland betreuen diverse Landesschafzuchtverbände die Rasse. Weltweit gibt es circa 1500 Tiere, die vorwiegend bei privaten ungarischen Züchtern gehalten werden.

(Fotos: Kai Frölich)

Soay-Schaf – schottisches Schaf mit langer Geschichte

Soay-Schafe stehen den Schafen der späten Jungsteinzeit (circa 2500 v. Chr.) so nahe wie keine andere Rasse, die man heute in Europa findet. Das Soay-Schaf stellt also eine entwicklungsgeschichtlich sehr frühe Form des Hausschafs dar. Diese Schafrasse kommt ursprünglich von der Soay-Insel im St.-Kilda-Archipel, einer Inselgruppe im Nordwesten Schottlands. Sie dürfen allerdings nicht mit den St. Kilda-Schafen verwechselt werden, denn diese sind eine wesentlich spätere Züchtung.

Unklar ist, ob die Wikinger für die Ansiedlung der Soay-Schafe verantwortlich waren oder sie sie bereits dort vorgefunden haben, da Siedlungen auf St. Kilda schon vor der Wikingerinvasion bestanden haben.

Archäologische Funde von Überresten von Kleidergeweben weisen darauf hin, dass eine Schafrasse, die den Soay-Schafen vergleichbar war, in Großbritannien um 3 000 v. Chr. in neusteinzeitlichen Bauernsiedlungen auftrat.

Bis 1932 gab es diese Rasse ausschließlich auf der Insel Soay. In den 1930er-Jahren überführte man 107 Tiere auf die Hauptinsel Hirta des St.-Kilda-Archipels. Seit den 1950er-Jahren werden diese beiden freilebenden Populationen von Wissenschaftlern intensiv untersucht.

Auf den Inseln Soay und Hirta gibt es noch circa 1500 frei lebende Soay-Schafe. Weltweit leben darüber hinaus noch mehrere tausend Tiere in privater Haltung, wobei der Status über die Reinrassigkeit allerdings unklar ist. Die Rasse gilt als nicht gefährdet.

Steckbrief

Das Soay-Schaf ist ein sehr kleinwüchsiges Schaf mit kurzem Schwanz. Die Wolle ist dicht und kurz. Charakteristisch für diese Schafrasse ist, dass die Tiere nicht geschoren werden müssen, da sie ihre Wolle bei guter Kondition von April bis Juni abwerfen beziehungsweise an Bäumen und Zäunen abstreifen. Das Soay-Schaf kommt in zwei Farbvarianten vor. In Deutschland existiert vorwiegend die dunkelbraune bis braune Variante. Heller gefärbt sind der Bauch, die Rückseite der Beine, das Innenohr und die Umgebung der Augen. In England und den Niederlanden gibt es daneben auch die einfarbige und die gescheckte Farbvariante.

Ausgewachsene Tiere erreichen eine Größe von 55 Zentimetern. Sowohl die Auen als auch die männlichen Tiere sind behornt. Die Hörner der ausgewachsenen Böcke sind kreisförmig nach außen gedreht (Schnecken). Die Hörner der weiblichen Tiere gehen sichelförmig nach hinten auseinander und ähneln denen von Ziegen, weshalb sie oft mit diesen verwechselt werden. Eindrucksvoll ist die im Kehl- und Halsbereich entwickelte Mähne von schwarzem Haar, die vor allem im Alter und bei Böcken besonders ausgeprägt ist.

Wie das Ungarische Zackelschaf ist das Soay-Schaf saisonal brünstig. Die Lammungen erfolgen in den Monaten April und Mai.

Im Gegensatz zu anderen Schafrassen, die in einer Herde zusammen bleiben, fliehen Soay-Schafe bei Gefahr in kleineren Gruppen und finden sich später wieder zur Verteidigung als Herde zusammen. Dieses Verhalten verdeutlicht die Ursprünglichkeit der Soayrasse, denn auch Wildschafe fliehen nicht im großen Herdenverband.

Vorwerkhuhn –
Goldvögel im Partnerlook

Im Jahr 1902 begann der wohlhabende Hamburger Kaufmann Oskar Vorwerk mit der Zucht eines neuen Rassehuhns. Für die Zeit um die Jahrhundertwende war dieses Vorhaben nichts Außergewöhnliches, sondern betraf fast alle landwirtschaftlichen Nutztiere. Entweder wurden heimische Schläge zu Rassen geformt oder es wurden Rassen aus der Kombination vorteilhafter Eigenschaften importierter und heimischer Tiere gebildet.

So auch bei den Vorwerkhühnern: In zehnjähriger beharrlicher Zuchtarbeit kreuzte Oskar Vorwerk heimische Lakenfelder mit den aus England importierten Gelben Orpingtons, gelben Ramelslohern sowie blauen Andalusiern. Das Ergebnis waren „Goldvögel" mit gleichen Farb- und Zeichnungsanlagen in beiden Geschlechtern; ein Landhuhntyp, auffallend goldgelb mit harmonisch angefügtem Schwarz in Hals und Schwanz.

Um ein Haar hätte es das Vorwerkhuhn nie gegeben. 1910, nach einigen Jahren Zuchtarbeit, drang eines Tages ein Schäferhund in die Gehege ein und tötete den Großteil der Tiere. Glücklicherweise bildeten die überlebenden Hühner eine ausreichende Basis für die Weiterarbeit.

(Foto: Kai Frölich)

(Foto: Arche Warder)

1912 wurden die Vorwerkhühner in Hannover und Berlin erstmals öffentlich vorgestellt. Der Erfolg war gut, und bald gelangten zahlreiche Zuchttiere nach Sachsen, Thüringen und Schlesien, wodurch sich der Zuchtschwerpunkt in diese Gebiete verlagerte. Durch den Ausbruch des Ersten Weltkriegs verzögerte sich die offizielle Anerkennung als Rassehuhn bis 1919.

In den Jahren nach dem Zweiten Weltkrieg starben die Vorwerkhühner beinahe aus. Reinrassige Vorwerkhühner überlebten nur in einem Dorf im Thüringer Wald. Die Familie Schmitt hatte während des Krieges und danach mit zwei Hähnen und 26 Hennen weitergezüchtet. Diese Tiere bildeten die Grundlage für den Wiederaufbau der Zucht in ganz Deutschland. Heute gibt es wieder einige Tausend Tiere in Deutschland und einige Hundert in Schleswig-Holstein. Die Rasse wird auch in Dänemark, Frankreich, den Niederlanden und der Schweiz gezüchtet.

Steckbrief

Vorwerkhühner sind schöne Hühner. Sowohl der Kopf als auch der Schwanz sind ganz schwarz. Der Rumpf ist goldgelb, das Untergefieder grau. Auffallend sind die mittelgroßen weißen Ohrscheiben, manchmal mit einem roten Rand versehen. Vorwerkhähne erreichen ein Gewicht von 2,5 bis 3 Kilogramm, die Hennensind mit 2 bis 2,5 Kilogramm etwas leichter.

Das Vorwerkhuhn ist ausgesprochen gutmütig, selbst die Hähne vertragen sich untereinander. Dabei sind sie lebhaft und nicht scheu, wetterfest und bei freiem Auslauf gute Futtersucher.

Das Vorwerkhuhn legt 170 Eier im Jahr. Zum Vergleich: Ein Legebatteriehuhn kommt heute auf rund 300 im Jahr. Das ist ein wichtiger Grund dafür, warum die alten Rassen heute vollständig aus der modernen landwirtschaftlichen Zucht und Produktion herausgefallen sind. Nur noch ganz wenige, spezialisierte Hybridzuchtlinien werden einseitig auf höchste Legeleistung oder Fleischleistung selektiert. Das ist schade, denn auch das Fleisch des Vorwerkhuhns ist sehr delikat und darüber hinaus auch noch gesund. Es ist reich an hochwertigem Eiweiß, vielen Vitaminen und wichtigen Mineralstoffen.

(Fotos: Kai Frölich)

Deutscher Sperber –
prachtvoll und zutraulich

Ursprünglich stammt der Deutsche Sperber aus dem Rheinland und aus Thüringen. Die Rasse entstand Ende des 19. Jahrhunderts, als Otto Trieloff versuchte, ein wirtschaftlich leistungsfähigeres deutsches Huhn zu züchten. Die Kreuzung der Gesperberten Italiener, Schwarzen Minorka, Bergischen Schlotterkämme, Plymouth-Rocks und Schotten war ein großer Erfolg. Die Nachzuchten nannte er „Gesperberte Minorka". Im April 1917 wurden die Tiere durch den Beschluss des Bundes deutscher Geflügelzüchter in Deutsche Sperber umbenannt.

Der Deutsche Sperber ist ein Zweinutzungshuhn und war sowohl aufgrund seiner Legeleistung als auch aufgrund der guten Qualität seines weißen Fleisches sehr beliebt. Gegenwärtig ist eine Zweinutzungsrasse eher die Ausnahme in der Geflügelzucht: Entweder die Hühner legen viele Eier (so erreichen zum Beispiel Hochleistungshybride eine Legeleistung von 300 bis 340 Eiern pro Jahr) oder sie haben einen hohen Fleischzuwachs.

In den 1960er- und 1970er-Jahren ging das Interesse am Deutschen Sperber bei Züchtern zurück. Wirtschaftlich konnte diese interessante Rasse weder im Fleischzuwachs noch in der Legeleistung mithalten. Daher nahm der Bestand zu dieser Zeit rapide ab.

Im Jahr 2013 gab es in Deutschland allerdings wieder 141 Hähne und 642 Hennen. Der Deutsche Sperber wird trotz eines aufsteigenden Trends der letzten 15 Jahre als gefährdet eingestuft und wurde von der GEH zur „Gefährdeten Nutztierrasse 2012" bestimmt.

Steckbrief

Der Deutsche Sperber ist eine kraftvolle, robuste, große Landhuhnform. Die Tiere sind flugunfähig, was für eine mittelschwere Rasse durchaus etwas Besonderes ist.

Die Tiere sind frohwüchsig und frühreif. Sie haben ein lebhaftes Wesen und können sehr zutraulich werden. Der Kopf ist relativ groß und lang. Der hornfarbene Schnabel ist kräftig ausgebildet und mittellang.

Bei den Deutschen Sperbern gibt es, wie der Name schon sagt, nur den gesperberten Farbschlag. Jede einzelne Feder ist dabei in einem leicht gebogenen, quergebänderten Wechsel von Schwarz und Hellblau gefärbt.

Die Hähne wiegen zwischen 2,5 und 3 Kilogramm, die Hennen zwischen 2 und 2,5 Kilogramm. Die Deutschen Sperber sind unter den alten Geflügelrassen relativ fleißige Eierleger (180 Eier pro Jahr).

Sundheimerhuhn –
Federvieh mit Doppelfunktion

Das Sundheimerhuhn ist eine alte Hühnerrasse, die in Sundheim im Kreis Kehl am Rhein gezüchtet wurde.

Nach Ende des deutsch-französischen Krieges 1872 entdeckten die Einwohner Sundheims (Rheinland-Pfalz) die Vorteile des Hühnerfleischs: So waren Hühner wesentlich leichter zu halten als Schweine oder Rinder. Ferner waren sie genügsamer und mussten in den Wintermonaten nicht aufwendig zugefüttert werden. Die zu investierenden Futtermengen für den Fleischansatz

waren ebenfalls vergleichsweise geringer. Heute lassen sich diese Gründe in fundierten Zahlen ausdrücken. So werden ungefähr zehnmal weniger Kalorien Energieaufwand zur Herstellung von Hühnerfleisch im Vergleich zu Rinderfleisch benötigt.

Ziel der Zucht zur Bedienung dieser steigenden Nachfrage war ein schnell wachsendes und den höchsten Ansprüchen genügendes Fleischhuhn. 1886 wurde die erste Züchtervereinigung gegründet.

Nach dem Ersten Weltkrieg wurde die Zucht gemäß einem Beschluss des „Sondervereins der Züchter des Sundheimerhuhns" mehr auf Legeleistung ausgelegt,

(Fotos: Kai Frölich)

Steckbrief

Das Gefieder der Sundheimerhühner hat eine weiße Grundfarbe mit schwarzen Zeichnungen an Hals und Schwanz. Der Schwanz des Hahns ist reinschwarz mit einem grünen Glanz, wobei die kleinen Sichelfedern und die Schwanzdeckfedern weiß gesäumt sind. Der Halsbehang hat einen breiten, tiefschwarzen Schaftstrich mit silberweißem Saum. Der Kopf ist weißsilbrig. Der Hahn und die Henne sind fast übereinstimmend gezeichnet. Weiteres Merkmal der Sundheimer ist die Befiederung an den Außenzehen.

Die Sundheimerhühner sind eine mittelschwere Hühnerrasse. Hähne wiegen zwischen 3 und 3,5 Kilogramm, die Hennen zwischen 2 und 2,5 Kilogramm. Sie legen im Jahr mindestens 200 hell- bis dunkelbraune Eier.

Diese Hühnerrasse ist frühreif, schnellwüchsig und leicht mästbar. Die Tiere haben zudem ein ruhiges und zutrauliches Wesen.

wobei das mittelgroße Huhn dennoch leicht mästbar war. So entstand das heutige Zweinutzungshuhn. Die Zuchterfolge sowie die resultierende Verbreitung dieser Rasse schwankten im weiteren Verlauf des 20. Jahrhunderts stark. Sundheimerhühner werden als gefährdet eingestuft. Im Jahre 2013 wurden nur 234 Hähne und 865 Hennen gezählt.

(Foto: Arche Warder)

Cröllwitzer Pute –
ein imposanter Vogel

Die ursprüngliche Heimat der Truthühner, besser bekannt als Puten, ist Nord- und Mittelamerika. Bereits 500 v. Chr. wurden wilde Truthühner von den Indianern in Mittelamerika gefangen und gehalten. Sie nutzten das Fleisch als Nahrung, die Knochen für Werkzeuge und die Federn für Schmuck, Kleidung und Pfeile.

1520 brachten spanische Seefahrer Truthühner mit in ihre Heimat, nach Deutschland gelangten sie 1533. In der zweiten Hälfte des 16. Jahrhunderts gab es bereits am Niederrhein und in den Niederlanden Herden von Puten.

Mit der planmäßigen Putenzucht wurde in Deutschland zu Beginn des 20. Jahrhunderts begonnen. Zunächst entwickelte sich die Bronzepute zur am weitesten verbreiteten Art, da sie aufgrund ihres bunt schillernden Gefieders sehr beliebt war.

Schließlich begann Alfred Beeck im Jahr 1910 mit der Kreuzung von verschiedenen Farbschlägen der beliebten belgischen Ronquières-Pute. Beeck war Direktor und Begründer der ersten staatlichen Lehr- und

Versuchsanstalt für Geflügelzucht in Halle-Cröllwitz, und so stand ihm ein großes Gelände mit Teichen für die gezielten Kreuzungsversuche zur Verfügung. Am Ende hatte er eine neue Putenrasse geschaffen, die Cröllwitzer Pute.

Einen ersten Höhepunkt erlebte die neue Rasse anlässlich des 25-jährigen Jubiläums des „Sondervereins Deutscher Putenzüchter" im Jahr 1932. Damals erhielt sie auch den Namen „Cröllwitzer Pute" – bis dahin war die neue, durch ihre attraktive Zeichnung auffallende Rasse schlicht als „Gescheckte" bezeichnet worden.

(Foto: Kai Frölich)

Steckbrief

Wie alle Truthühner haben Cröllwitzer einen nackten Kopf und Hals mit rötlichen Hautwarzen. Wenn die Tiere aufgeregt sind, färben sich Kopf und Hals intensiv rot. Während der Balz schlägt der Puterhahn ein Rad mit seinen Schwanzfedern, richtet sein Rückengefieder auf, spreizt die Flügel und wirbt um die Henne mit seinem typischen Ruf.

Die Zeichnung der Cröllwitzer Puten ist besonders attraktiv. Auf weißem Grund erscheint der Vogel durch die schwarzen Bänder am Ende jeder Feder gesprenkelt.

Bei einem Gewicht von rund 4 bis maximal 8 Kilogramm gehören die Cröllwitzer eher zu den leichten Landschlägen. Zum Vergleich: Die Bronzepute bringt zwischen 7 und 15 Kilogramm auf die Waage. Die Legeleistung liegt bei 20 bis 40 Eiern pro Jahr.

Die Cröllwitzer Pute ist wetterfest und eignet sich hervorragend zur extensiven Freilandhaltung. Allgemein ist die Haltung von Puten eher unkompliziert. Sie schätzen schattige Plätze und sollten die Möglichkeit haben, ein Sandbad nehmen zu können. Im Herbst und Winter benötigen sie einen trockenen, zugfreien Stall oder Unterstand. Lässt man Puten frei weiden, ernähren sie sich überwiegend von Früchten, Gräsern und Blättern, aber auch von Insekten, Schnecken und anderen Kleinsttieren.

Rasseputen gehören zu den Nachkommen einer der schwersten flugfähigen Vogelarten. Sowohl im Freilauf als auch im Ausstellungskäfig bieten diese Tiere eine imposante Erscheinung.

Diepholzer Gans –
rund und geländegängig

Das Oldenburger Land rund um die niedersächsische Stadt Diepholz ist die Ursprüngliche Heimat der Diepholzer Gans. Herausgezüchtet aus verschiedenen Landgansrassen – zum Beispiel der Emdener Gans – bevölkerten seit etwa 1880 riesige Scharen von Diepholzer Gänsen die moorigen Bruchweiden der damaligen hannoverschen Grafschaft Diepholz.

Wegen ihrer Genügsamkeit und des hohen Werts brachte diese Gans vor allem den Kleinbauern einen guten Zugewinn ins Haus. Neben dem Fleisch waren die Federn eine begehrte Handelsware. Ende des 19. Jahrhunderts wurden in Diepholz jährlich rund 1,5 Millionen Schreibfedern produziert und bis nach Holland und Frankreich exportiert.

Noch bis zum Zweiten Weltkrieg trieben die Diepholzer im Frühjahr ihre Gänse zu Tausenden auf die gemeindeeigenen Feuchtwiesen. Im Herbst wurde das Federvieh zusammengetrieben, mit Hafer- und Gerstenschrot in einfach eingerichteten Ställen gemästet und schließlich als hochgeschätzter Weihnachtsbraten verkauft.

Aufgrund ihrer extensiven Haltung auf Wiesenmooren entwickelte die Diepholzer Gans ihre Widerstandskraft und legendäre

(Foto: Sabine Vielmo/Arche Warder)

Futterdankbarkeit. Ab und zu gesellten sich wild lebende Graugänse zu den Diepholzer Gänsen. Durch solche Paarungen wurde die Robustheit der Diepholzer Gans nochmals gestärkt.

Mit der Auflösung der Gemeindegründe und dem allgemeinen starken Rückgang der Gänsehaltung in den letzten Jahrzehnten geriet die Diepholzer Gans mehr und mehr in Vergessenheit. Es gibt bundesweit nur noch rund 500 Tiere, davon 120 Gänse und 35 Ganter in Niedersachsen. Die Diepholzer Gans gehört damit zu den stark gefährdeten Haustierrassen.

(Foto: Lisa Iwon/Arche Warder)

Steckbrief

Die Diepholzer Gans wird seit weit über 100 Jahren gezüchtet und ist eine der wenigen noch existierenden Landgansrassen. Beweglichkeit und Weidetauglichkeit waren immer wichtige Zuchtziele, aber auch andere typische Landganseigenschaften wie Frühreife, Bruttrieb und das Führen der Gössel sind in den heutigen Zuchtstämmen der Diepholzer Gans noch fest verankert.

Der rötliche Farbton des Schnabels und der Läufe bilden einen schönen Kontrast zu dem reinweißen Gefieder. Auffallend sind auch die dunkelblauen Augen, die von einem schmalen orange-gelben Lidring umgeben sind.

Ganter erreichen ein Gewicht von bis zu 7 Kilogramm, die Gänse sind 1 bis 2 Kilogramm leichter.

Eine Diepholzer Gans liefert überdurchschnittlich viele Federn, nämlich 300 bis 400 Gramm pro Jahr – für ein Kopfkissen werden rund 1000 Gramm benötigt.

Die Diepholzer Gans kann sich ihr Leben lang mit saurem und süßem, sonst kaum verwertbarem Moorgras begnügen und entwickelt dabei ein fettarmes und zugleich feinfaseriges, zartes Fleisch von hervorragendem Geschmack.

Im Gegensatz zu den Enten fressen Gänse keine Schnecken, Kaulquappen oder andere Kleintiere. Sie ernähren sich rein vegetarisch.

(Fotos: Kai Frölich)

Ungarische Lockengans –
die weiße, flauschige Besonderheit

Die Ungarische Lockengans war ursprünglich (Mitte der 1800er-Jahre) in Südosteuropa und rund um das Schwarze Meer beheimatet. Im weiteren Verlauf des 19. Jahrhunderts kam sie nach Zentraleuropa; sowohl Briten und Iren als auch Franzosen importierten diese „Besonderheit".

Die namengebenden, außergewöhnlichen Federn entstanden durch eine genetische Mutation und werden dominant vererbt. Ihre Federn waren auch der Hauptgrund für die Zucht der Lockengänse. Der gute Ertrag an weichen Federn wurde für Kissen und Steppdecken verwendet. Verdrängt wurden sie von Mastgänserassen, die wesentlich mehr Fleisch und unter anderem die begehrte Gänseleber lieferten. In Siebenbürgen blieben allerdings Restbestände der Ungarischen Lockengans erhalten.

Die Rettung und Züchtung der Lockengänse übernahm die Universität Debrecen, wo sich auch heute noch der größte Lockengansbestand Ungarns befindet. Inzwischen ist die Ungarische Lockengans glücklicherweise nicht mehr vom Aussterben bedroht. Da die Vertreter dieser Rasse recht anspruchslos in der Fütterung und Haltung sind, eignen sie sich auch als Weidegänse.

Die Ungarische Lockengans ist eine aufmerksame und vorsichtige Gans mit gutem Brutinstinkt. Als unveränderte Landrasse legt sie im Vergleich zu sogenannten „Legegänserassen" aber weniger Eier. Auch entwickelt sie sich langsamer als andere Rassen. Dies liegt unter anderem daran, dass die Entwicklung der besonderen Federn für den Organismus sehr aufwendig ist. Bei keiner anderen Gänserasse ist frisches, am besten leicht fließendes Wasser in der Haltung so notwendig wie bei der Lockengans.

Steckbrief

Wichtigstes Merkmal der Ungarischen Lockengänse sind die verlängerten Lockenfedern, die vor allem im Bereich der Schultern und des Vorderrückens auftreten. Die Lockenfedern sind verlängerte, spiralig gedrehte Federn. Diese ungewöhnlich langen Federn haben einen nur zwei bis drei Zentimeter über die Haut hinausreichenden, festen Schaft. Von da ab ist er weich, biegsam und in einzelne Fasern gespalten. Die breiten Federfahnen verlieren ihren Zusammenhang und verdrehen sich leicht, wodurch diese Form der Lockenbildung entsteht.

Lockengänse haben stark verkürzte Schwung- und Schwanzfedern. Dies trägt dazu bei, dass sie flugunfähig wie viele andere Gänserassen sind. Die blauen Augen weisen einen gelblichroten Ring auf. Der Schnabel ist kurz und orangerot mit einer hellen Bohne. Diese Gänserasse gibt es in Deutschland nur als weißen Farbschlag. In Ungarn und Amerika existieren auch graue und gesprenkelte Farbschläge.

Ungarische Lockengänse sind gute Legegänse und außerdem robust, frohwüchsig und sehr fruchtbar. Pro Jahr legt eine Ungarische Lockengans circa 25 Eier.

Deutsche Pekingente –
die besondere Ente aus dem Reich der Mitte

Die Deutsche Pekingente hat ihren Ursprung in China. Aufgrund ihrer guten Legeleistung und Fleischqualität sowie ihrer auffälligen, leicht angehobenen Haltung kam sie 1873 nach England und Amerika und in den folgenden Jahren auch nach Deutschland.

In England und Deutschland wurde mit dieser Ente dann hinsichtlich ihrer heute typischen aufrechten Haltung weitergezüchtet. Darüber hinaus wurde sie aufgrund ihrer hervorragenden Nutzeigenschaften zu einer sehr beliebten Wirtschaftsente.

1910 wurde die Pekingente in Deutsche Pekingente umbenannt, um sie von der englischen und amerikanischen Variante zu unterscheiden, da die Amerikanische Pekingente eine ganz andere Zuchtrichtung eingeschlagen hatte. In Amerika stand vor allem die Wirtschaftlichkeit (Legeleistung und Fleischertrag) im Vordergrund.

Nach dem Zweiten Weltkrieg verschwand die Deutsche Pekingente aus der landwirtschaftlichen Produktion. Die früher gefor-

(Foto: Kai Frölich)

(Foto: Lisa Iwon/Arche Warder)

derte gespaltene Brust, die aufgrund des hohen Brustfleischanteils zustande kam, ist heute im Zuchtstandard nicht mehr erwünscht. Die Amerikanische Pekingente, die durch den noch waagerechten Körperbau wesentlich mehr Brustfleisch entwickeln, verdrängte die deutsche Variante.

Die Deutsche Pekingente ist stark gefährdet: Im Jahr 2013 wurden nur noch 313 weibliche und 147 männliche Tiere gezählt. Im Vergleich dazu liegen die Bestandszahlen der Amerikanischen Form im zweistelligen Millionenbereich.

Steckbrief

Besondere Merkmale der Deutschen Pekingente sind die pinguinartige Haltung und ein rechteckiger, massiver Körper mit angezogenem Hinterteil. Ein weiteres, wichtiges Charakteristikum ist die sogenannte „Frisur": verlängerte Federn auf dem Halsrücken, die sich vorwiegend bei älteren Erpeln bilden. Der Kopf ist rund mit gut entwickelten Backen. Die Tiere haben einen kurzen und breiten, orangeroten Schnabel. Die Füße und die Läufe sind ebenfalls orange. Die Augen sind relativ klein und schwarz. Das Gefieder ist weiß mit einem leichten Gelbton. Es gibt nur diesen einen Farbschlag.

Die Deutsche Pekingente ist eine wetterharte, wirtschaftliche Ente mit sehr guter Fleischqualität. Zudem ist sie pflegeleicht und stellt keine besonderen Ansprüche. Das Obergefieder dieser Entenrasse ist glatt, das Untergefieder reich an Daunen. Diese Daunen der Deutschen Pekingente sind besonders hochwertig und mit der Qualität von Gänsefedern vergleichbar.

Erpel können ein Gewicht von 3,5 Kilogramm erreichen, die Ente wird bis zu 3 Kilogramm schwer. Pro Jahr kann eine Deutsche Pekingente 50 bis 60 Eier legen.

(Foto: Lisa Iwon/Arche Warder)

Orpingtonente –
die vielseitige Engländerin

Benannt wurde die Orpingtonente nach der Farm „Orpington House" des Engländers William Cook, der sie in den 1890er-Jahren gezüchtet hat. Sie entstand aus mehreren Rassen: Cook kreuzte Aylesbury, Rouen, Laufenten, Cayuga und Pekingenten. Diese Ente sollte sowohl eine gute Legeleistung als auch eine sehr gute Mastleistung haben.

In Deutschland wurde sie ab 1908 bekannt und gezüchtet. In den 1920er-Jahren war die Orpingtonente mit bis zu 100 Eiern pro Jahr eine der wirtschaftlichsten Rassen und verbreitete sich auch in Deutschland schnell. 1922 wurde auch ein blauer sowie brauner Farbschlag der Rasse erwähnt; diese sind heute allerdings in den Zuchtstandards eher unerwünscht. Bei der Zucht gibt es allerdings vereinzelt sogenannte „Fehlfarben" (reingelb sowie dunkelgelb-wildfarben). Nur 50 Prozent der Nachzuchten sind wie gewünscht ledergelb. Mit der „Verordnung über Enteneier" aus dem Jahr 1936, die aufgrund aufgetretener Salmonellenbelastung erlassen wurde, begann wohl der Niedergang aller auf Legeleistung gezüchteten Entenrassen.

So sanken auch die Bestandszahlen bei der Orpington-Rasse, die neben der Fleisch- auch die Eiernutzung als Zuchtziel hatte. Trotz des guten Fleischansatzes wurde diese mittelschwere Ente in der Mast von ertragreicheren Rassen verdrängt. Heute wird die Liebhaberrasse vor allem in der Gartenpflege eingesetzt, da die Orpington- ente recht genügsam und anspruchslos in der Haltung ist.

Im Jahr 2013 waren 110 männliche und 249 weibliche Orpingtonenten registriert. Der Bestand wird dementsprechend als kri- tisch eingestuft.

(Foto: Kai Frölich)

(Foto: Arche Warder)

Anhang

Tipps zum Weiterlesen

Frank Allmer:
Stolze Hähne und fleißige Hennen.
Cadmos: Schwarzenbek, 2009.

Norbert Benecke:
**Der Mensch und seine Haustiere –
Die Geschichte einer jahrtausendealten
Beziehung.**
Konrad Theiss Verlag: Stuttgart, 1994.

Michael Brackmann:
**Das andere Kuhbuch.
40 Rasseporträts und mehr.**
Cadmos: Schwarzenbek, 2009.

Margaret Bunzel-Drüke/Carsten Böhm/
Peter Finck/Gerd Kämmer/Rainer Luick/
Edgar Reisinger/Uwe Riecken/Johannes
Riedl/Matthias Scharf/Olaf Zimball:
**Praxisleitfaden für Ganzjahresbewei-
dung in Naturschutz und Landschafts-
entwicklung – „Wilde Weiden".**
Arbeitsgemeinschaft Biologischer
Umweltschutz im Kreis Soest e.V., Bad
Sassendorf-Lohne, 2008.

Juliette Clutton-Brock:
**A Natural History of
Domesticated Mammals.**
Cambridge University Press, British
Museum (Natural History), 1987.

Jared Diamond:
**Arm und Reich. Die schicksale
menschlicher Gesellschaften.**
8. Aufl., Fischer: Frankfurt/Main, 2008.

Martin Haller:
Seltene Haus- und Nutztierrassen.
Leopold Stocker Verlag: Graz/Stuttgart,
2000.

Hans Hinrich Sambraus:
**Gefährdete Nutztierrassen:
Ihre Zuchtgeschichte, Nutzung und
Bewahrung.**
2. Aufl., Ulmer: Stuttgart, 1999.

Hans Hinrich Sambraus:
**Exotische Rinder – Wasserbüffel,
Bison, Wisent, Zwergzebu, Yak.**
Ulmer: Stuttgart, 2006.

Ulf Stuberger:
**Esel. Haltung und Pflege. Zucht und
Rassen. Wandern mit Packtieren.**
Kosmos: Stuttgart, 2008.

Esther Verhoef/Aad Rijs:
**Hühner-Enzyklopädie.
Alles, was Sie über die Pflege, Unter-
bringung, Zucht und Fütterung von
Hühnern wissen müssen.**
Edition Dörfler im Nebel: Eggolsheim,
2001.

Adressen

Tierpark Arche Warder e.V.
Langwedeler Weg 11
24646 Warder
www.arche-warder.de

Wikinger Museum Haithabu
Schloss Gottorf
24837 Schleswig
www.schloss-gottorf.de

**Naturschutzgebiet Höltigbaum
der Stiftung Naturschutz
Schleswig- Holstein
Haus der Wilden Weiden**
Eichberg 63
22142 Hamburg-Rahlstedt
www.hoeltigbaum.de

**Gesellschaft zur Erhaltung alter und
gefährdeter Haustierrassen e. V. (GEH)**
Eschenbornrasen 11
37213 Witzenhausen
www.g-e-h.de

Foto: Sabine Vielmo/Arche Warder

Register